Brigitte Kleinod

Der

GARTENPLANER

Haus- und Hofbegrünung

▶ planen

▶ entwerfen

▶ kalkulieren

ULMER

Kapitel 1

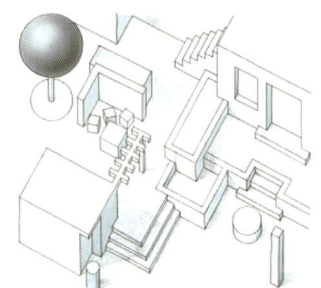

HÖFE UND WÄNDE IN GRÜNEM GEWAND

Kapitel 2

HOFBEGRÜNUNGEN PLANEN UND ENTWERFEN

Kapitel 3

FASSADENBEGRÜNUNGEN PLANEN UND ENTWERFEN

Kapitel 4

ARBEITSAUFWAND UND KOSTEN KALKULIEREN

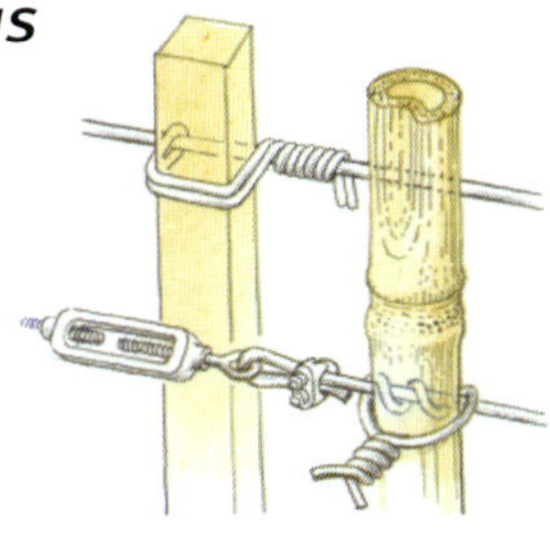

Die Deutsche Bibliothek – CIP-Einheitsaufnahme
Ein Titeldatensatz für diese Publikation ist bei der Deutschen Bibliothek
erhältlich.

Haftung:
Autor und Verlag haben sich um richtige und zuverlässige Angaben be-
müht. Fehler können jedoch nicht vollständig ausgeschlossen werden.
Eine Garantie für die Richtigkeit der Angaben kann daher nicht gegeben
werden. Haftung für Schäden und Unfälle wird aus keinem Rechtsgrund
übernommen.

Bildnachweis:
Alle Fotos Brigitte und Michael Kleinod. Zeichnungen von H.-Chr. Rost
nach Vorlagen von B. Kleinod. Umschlag: Foto Vorderseite: E. Fischer,
Weisenheim; Planskizze: Tanja Ratsch, Ulm. Foto Rückseite: Brigitte
Kleinod, Waldems

© 2002 Verlag Eugen Ulmer GmbH & Co.
Wollgrasweg 41,
70599 Stuttgart
E-Mail: info@ulmer.de
Internet: www.ulmer.de
Printed in Germany

Lektorat:
Verlagsbüro Kopal, Dipl.-Biol. Julia Alber
Layout:
CYCLUS Visuelle Kommunikation
Herstellung und DTP:
CYCLUS Media Produktion
Druck und Bindung: Offizin Andersen Nexö, Zwenkau

ISBN: 3-8001-3902-2

▶ *Vorwort*

Für Michael

Je kleiner das Grundstück, je dichter die Bebauung und je einheitlicher die Gestaltung der Eigenheime, desto verständlicher ist der Wunsch, Haus und Garten abzugrenzen und individuell zu gestalten. Dazu eignen sich Bauweisen, die geschützte Außenräume schaffen, und Abschirmungen wie Sichtschutzwände. Richtig begrünt, sehen diese nicht nur schön aus, sondern schaffen eine harmonische Verbindung zwischen Sitzplatz und Garten. Werden auch Teile der Fassade in die Begrünung mit einbezogen, lässt sich die Grünfläche beträchtlich erweitern und das Haus erhält ein individuelles Gesicht.

Intensiv genutzte Gartenteile, wie geschützte Sitzplätze und Höfe, müssen gut geplant werden, denn in den Sommermonaten ersetzen sie oft Wohn- und Esszimmer, manchmal die Küche, häufig auch das Kinderzimmer. Im Gegensatz zu den Wohnräumen ist es hier aber schwierig, Fehlplanungen durch das Umstellen von Möbeln zu korrigieren, es sei denn, wir bepflanzen nur mobile Kübel und rücken sie nach Bedarf herum.

Verschiedene Ansprüche der Bewohner machen manchmal eine Unterteilung der Terrasse in verschiedene Zimmer nötig, die häufig anzutreffende Südausrichtung verlangt nach einer Beschattung im Sommer. Zwar gibt es eine Vielzahl von Kübeln, Sichtschutzwänden und Schattierungskonstruktionen, die individuell farbig gestaltet werden können, es hat sich jedoch gezeigt, dass ein bunter Fassadenanstrich, das Aufstellen diverser Holzkonstruktionen und eintöniges Grün im Garten nicht genügen, das Eigenheim als etwas Besonderes kenntlich zu machen und das Paradies im Garten wiederzufinden.

Dieser Gartenplaner soll Ihnen helfen, neue „Grünflächen" am Haus und im Hof zu entdecken und individuell zu planen. Er gibt Ihnen Ratschläge, wie sie sich gegen neugierige Blicke abschirmen können, ohne zu viel Trennendes aufzubauen, und wie sich mit Beeten und Kübeln grüne Zimmer für Sie und Ihre Familie schaffen lassen sowie neue Lebensräume für Pflanzen und Tiere.

Kapitel 1

Höfe und Wände in grünem Gewand

▶ Neue Flächen erschließen

▶ Pflanzenstandorte entdecken

▶ Begrünungsformen kennen lernen

▶ *Neue Flächen erschließen*

Bevor Sie mit der eigentlichen Planung beginnen, sollten Sie über einige Grundlagen und Möglichkeiten der Hof- und Fassadenbegrünung Bescheid wissen. Dieses Kapitel möchte Ihnen vorab einiges Wissens- und Bedenkenswertes dazu vermitteln.

Fast jeder Platz, jeder Hof und alle Fassaden könnten grüne Flächen sein, wären da nicht die Fantasielosigkeit vieler Architekten, die Vorurteile von Hausbesitzern und der verbreitete Sauberkeitswahn, der Falllaub zu „Dreck" abstempelt.

▼ Selbstklimmer verschönern eine Ziegelfassade.

■ KLIMATISCHE VORTEILE BEGRÜNTER FLÄCHEN

Pflanzen auf Plätzen und an Fassaden stellen nicht nur eine Verschönerung dar, sie tragen auch ganz erheblich zur Verbesserung des Wasser- und Klimahaushaltes in bebauten Gebieten bei. Offenporige Flächen lassen das Regenwasser versickern und es findet zurück in den Wasserkreislauf. Die Grundwasserreserven werden wieder aufgefüllt, Überlastungen der Klärwerke durch den oberirdischen Wasserabfluss und Überschwemmungen werden verhindert.

Durch die Entsiegelung betonierter, asphaltierter und ge-pflasterter Flächen lässt sich das Klima in dicht bebauten Gebieten erheblich verbessern, denn überall wo Stein und Asphalt die Wärme speichern, kann es nachts kaum abkühlen.

Begrünte Fassaden helfen auch, das Klima in der unmittelbaren Umgebung zu verbessern. Die großen Blattmassen binden Staub und Abgase und geben Sauerstoff und Wasserdampf ab. Zwischen einem begrünten und unbegrünten Innenhof können die Temperaturunterschiede im Sommer durchaus einige Grad Celsius betragen.

Wenn die Begrünung fachgerecht durchgeführt wurde, schützen begrünte Fassaden sogar das Mauerwerk. Das Blattwerk der Pflanzen beschattet die Fassade und mildert Temperaturspitzen, die zu Rissbildungen im Putz führen können. Zudem fängt es Schlagregen ab und schützt somit das Bauwerk vor Feuchtigkeit. Da die Kletterpflanzen wegen ihrer großen Laubmasse selbst recht viel Wasser benötigen, halten sie das Haus außerdem am Mauerfuß trocken, ohne eine fachgerechte Dränage zu gefährden.

Prima Klima

Auch nach einem für Mensch und Tier erfrischenden Regenguss an einem heißen Sommertag tragen versiegelte Flächen kaum zu einer nächtlichen Temperaturabsenkung bei. Das Wasser fließt auf diesen Flächen nämlich oberflächlich recht schnell ab. Dagegen lassen offenporige Plätze und Wege sowie Dränpflaster das Wasser langsam versickern, geben es durch Verdunstung teilweise wieder ab und führen auf diese Weise zu einer Abkühlung der Umgebungstemperatur.

▲ Architektur gewinnt durch Begrünung.

■ GRÜNE FASSADEN UND HÖFE ALS LEBENSRAUM

Eine Fassadenbegrünung kann den verschiedensten Tierarten Lebensraum bieten und damit Nahrungsgrundlage für andere Tiere sein. Wie in anderen Biotopen stellen sich auch hier die verschiedensten Wechselbeziehungen zwischen Pflanzen und Tieren ein, von denen auch wir profitieren. So nisten in begrünten Wänden gerne Vögel, da sie hier einen reich gedeckten Tisch vorfinden. Durch das Anbringen von Nisthilfen lässt sich das Artenspektrum beträchtlich erweitern, so dass Sie an einer ein-

▲ Kletterpflanzen an Rankgerüsten schaden der Fassade nicht.

zigen begrünten Fassade im Frühjahr viele Brutplätze zählen können.

Auch Schmetterlinge werden den Weg zu Ihnen finden, wenn die Kletterpflanzen blühen. Im Herbst und Winter dienen dann die reifen Früchte den flügge gewordenen Jungvögeln und auch deren Eltern als willkommene Nahrung.

„Unter dem Pflaster liegt der Strand", lautete einmal ein symbolträchtiger Satz der aufkommenden Ökobewegung und tatsächlich befindet sich unter jeder versiegelten Fläche zumindest das Potenzial für eine belebte Welt. Wir müssen nur wieder Luft und Wasser an den Boden herankommen lassen. Nach kurzer Zeit stellt sich dann von selbst eine belebte Fläche ein. Welche Pflanzen sich ansiedeln, hängt von der Bodenbeschaffenheit und dem Klima ab, aber es müssen auch Samen herangeweht werden. Wem die natürliche Selbstbegrünung zu lange dauert, der kann durch Veränderung der Bodenbeschaffenheit, durch zusätzliche Wassergaben und das Säen oder Pflanzen von Gewächsen seiner Wahl mit wenig Aufwand verschiedenartige Grünflächen schaffen. Schotterrasen, Trittve-

getation, Duftrasen und Bodendecker...; es gibt inzwischen sehr
viele Varianten, die sogar befahren und auch betreten werden
können, dennoch schön aussehen, pflegeleicht sind und die
Natur und unseren Garten
bereichern.

■ GRÜNE WEGE UND PLÄTZE

Wege und Plätze am Haus
müssen nicht immer gepflastert
sein, um sauber auszusehen.
Wie viele Beispiele englischer
Gärten zeigen, sehen bepflanzte
Kiesflächen schön aus und sind
trotzdem kostengünstig und
pflegeleicht. In intensiv genutz-
ten Bereichen können Pflaster
mit breiten Fugen aus Natur-
oder Betonstein einen schönen
Übergang vom Haus zum Garten schaffen. Auch Höfe, die
zum Abstellen von Fahrzeugen
genutzt werden, müssen nicht
unbedingt vollständig versiegelt
sein.

▲ Optimaler Wetter-
schutz: An der Blätter-
wand läuft das Regen-
wasser ab und versickert
im Boden. Kälte und Wind
werden abgefangen.

▲ Kletterpflanzen geben
den Wänden Sonnen-
schutz. Es kommt zu
keinen starken Tempera-
turschwankungen.

◄ Begrünte Fassaden
können Höhlenbrütern als
Brutplatz dienen, wenn
man sie mit Nistkästen
ergänzt.

Flächen wie Wege, Terrassen,
Abstellplätze und Höfe können
am einfachsten bodenbündig
begrünt werden. Planen Sie eine
Begrünung gleich mit ein, richtet sich der Untergrund nach
der Art der Bepflanzung und der
Nutzung.

Ist schon eine Versiegelung
oder Pflasterung vorhanden,
muss diese erst entfernt werden.
Den vorhandenen verdichteten
Boden muss man auflockern
und gegebenenfalls durch das
Einbringen von Bodenhilfsmit-
teln umstrukturieren. Wasser-
durchlässige Unterbauten wie
Schotter und Splittschichten
können dagegen bestehen bleiben. Unebene Untergründe werden durch Anfüllen oder Abtra-
gen ausgeglichen, bevor die
Fläche begrünt wird.

■ GRÜNE RÄUME SCHAFFEN

Mit der Begrünung eines Hofes
geht auch eine räumliche
Gliederung einher. Durch die
geschickte Anordnung von
Pflanzflächen, erhöhten Beeten,
Pflanzkübeln, Rankgerüsten
und anderen Gestaltungsele-
menten können aus einem Frei-
luftraum mehrere grüne Zimmer entstehen. Allerdings
sollten Sie dabei das Gesamt-

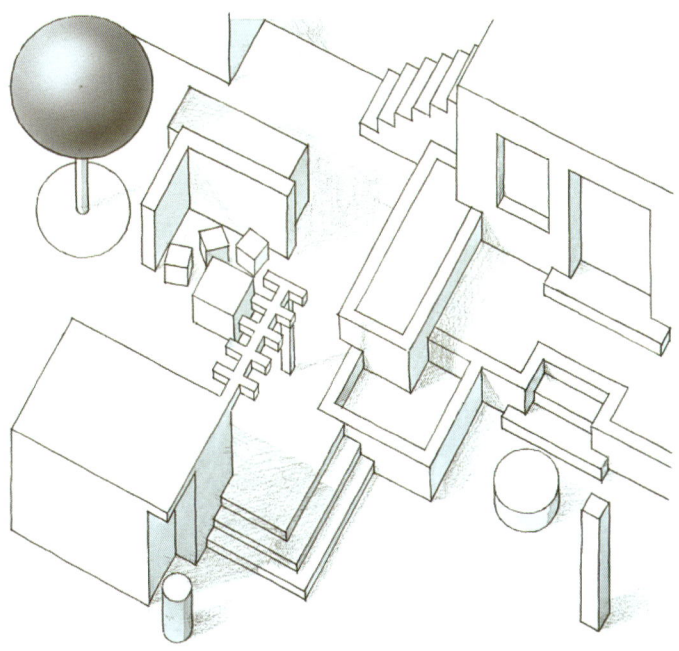

◀ Im Gegensatz zum Grundriss zeigt eine einfache Projektion auch die Höhe der wichtigen Gestaltungselemente und vermittelt ein räumliches Bild, auf dem die Größenverhältnisse deutlich werden.

konzept nicht aus dem Auge verlieren und den Hof nicht „übermöblieren".

Bedenken Sie immer die geplante Nutzung zu verschiedenen Tageszeiten, Jahreszeiten und auch im Verlauf der Jahre, wenn zum Beispiel die Kinder größer sind. Betrachten Sie den Hof einmal wie ein Wohnzimmer, das allen Familienmitgliedern als Aufenthalts- und Festraum dient oder auch als gern genutzter Durchgang zum Garten. Ein Hof kann aber auch den Nutzgarten erweitern mit Kräuterbeeten, Spalierobst, Tomaten in Kübeln, einem Grillplatz mit Anrichte und einem Essplatz.

Haben Sie keinen weiteren Gartenbereich, dient der Hof zumindest vorübergehend als Kinderspielplatz und/oder Hobbyraum. Auch zum Lagern von Kaminholz, Gartengeräten und Kinderspielzeug sollte es ein Plätzchen geben, ebenso wie für die Pflanzkübel den Winter über.

▼ Wer auf eine gepflasterte Fläche nicht verzichten will, sollte Dränpflaster verwenden und an den Rändern Platz für Beete freilassen.

▶ Pflanzenstandorte entdecken

N ach dem Überblick über das Gesamtkonzept lohnt es sich nun, den Blick für Details zu schärfen und geeignete Standorte für unsere Pflanzen zu entdecken. Es sind oft nur kleine Flächen, die benötigt werden, um beispielsweise eine Kletterpflanze wachsen zu lassen.

A n Hausecken, Mauern und Sichtschutzwänden, aber auch neben Fallrohren, Stützpfosten und Kellerabgängen sowie entlang von Wegen, Treppen und Pflasterflächen, fast überall lassen sich mit dem geschulten Auge kleine Flächen entdecken, die sich nicht nur für eine Bepflanzung eignen, sondern damit auch auf jeden Fall schöner aussehen.

▼ Bepflanzt und gemulcht sieht der Sauberkeitsstreifen nicht nur schön aus, er bindet auch das Gebäude in den Garten ein.

■ DAS KLIMA AN MAUERN UND IN HÖFEN

An Mauern und Fassaden herrschen andere klimatische Bedingungen vor als in offenen Gärten. Hier treffen wir auf ein Mikroklima, das eher dem von Felswänden, Steinbrüchen und Weinbaugebieten gleicht.

Je nach Himmelsrichtung und Beschattung sind die Pflanzen unterschiedlichsten Temperaturen ausgesetzt. An Südfassaden kann es um die Mittagszeit sehr heiß werden, die nächtliche Ab-kühlung fällt durch die Wärmespeicherwirkung der Wand dagegen eher moderat aus. An windexponierten Westfassaden treffen Regen und Wind mit voller Wucht auf, dagegen sind hier die Pflanzen vor den kalten Nord-Ost-Winden geschützt.

In Höfen werden meist alle Temperaturspitzen abgemildert, und auch extreme Winde kommen durch die umgebende Bebauung nicht vor. So kann man für die Pflanzenwahl getrost von einem südlicheren Klima ausgehen, als es in der offenen Landschaft der Umgebung herrscht. Beschattung und Schutz durch Gebäude und Mauern bedeutet aber auch weniger Niederschlag, ein weiteres Merkmal südlicherer Standorte.

■ PFLANZBEETE FÜR KLETTERPFLANZEN

Auch der Mauerfuß kann als Standort für eine Fassadenbegrünung dienen. Da Kletterpflanzen mehr Wurzelraum benötigen als Gräser und Kräuter, muss der Streifen eventuell teilweise verbreitert werden. Diese Maßnahme ist meist ein ästhetischer Gewinn, da einzelne Aus-

■ Eine begrünte Fassade stellt einen zusätzlichen Wärmeschutz dar, der in etwa dem einer vorgehängten Fassade entspricht. An sonnenabgewandten Gebäudewänden fungiert die Blattmasse als Windbremse. Schon geringe Windgeschwindigkeiten können messbare Energieverluste bewirken. Die Luftschicht zwischen der Blätterwand und dem Mauerwerk tauscht sich dagegen nur langsam aus und stellt einen dämmenden Übergang zwischen der Temperatur im Mauerwerk und außerhalb dar.

Im Sommer verhindert die Blattmasse an der Südseite, dass sich das Mauerwerk zu sehr aufheizt, was sowohl positiv für die Fassade als auch für das Innenraumklima ist. Im Winter dagegen sollten besonnte Gebäudeflächen, die im Windschatten liegen, frei von Blättern sein, damit das Sonnenlicht das Mauerwerk erwärmen kann.

Grüne Fassaden sind nicht nur Wärme- , sondern auch Fassadenschutz, denn sie halten Feuchtigkeit vom Mauerwerk fern. Das Regenwasser läuft an der Blätterwand ab und versickert im Boden, wo es von den Pflanzenwurzeln aufgenommen wird. Durch die große Blattmasse und hohe Transpirationsleistung halten Kletterpflanzen zudem auch den Hausfuß trocken, denn sie benötigen eine Menge Wasser. Dies wirkt sich positiv auf das Kleinklima in der Nähe einer begrünten Fassade aus, da durch die Transpiration der Umgebung Wärme entzogen wird, was zu einer Absenkung der Lufttemperatur in heißen Sommern führt.

buchtungen oder ein geschwungener Verlauf einen schöneren Übergang zwischen Baukörper und Fassade schaffen.

Die Entfernung der Stellkante und eine bodenbündige Bepflanzung haben den Vorteil, dass die Fläche besser gepflegt werden kann, besonders wenn die angrenzende Fläche gemäht werden muss. Auf einer sanft geschwungenen und bodenbündig eingebauten Mähkante können die Räder des Rasenmähers fahren und man spart den Rasenkantenschneider.

Bei einem großen Dachüberstand oder wenn nur wenig Platz neben der Mauer zur Verfügung steht, erweitert man den Wurzelraum für die Pflanzen durch erhöhte Beete. Damit sich keine Staunässe unter dem Beet und an der Fassade bildet, sollte der Boden darunter aufgelockert und wenn notwendig auch dräniert werden.

Durch die richtige Materialwahl lassen sich mit Beeteinfassungen schöne Übergänge zwischen vertikalen Bauteilen und horizontalen Flächen schaffen.

▲ Bei der Planung sollten Sie immer auch die spätere Pflege bedenken.

Probleme der Fassadenbegrünung

▲ Dieser Efeu sollte zurückgeschnitten werden, da er bereits Dach und Fensterausschnitt erklommen hat

▶ Verkehrsschilder dürfen auf keinen Fall überwuchert werden.

■ Die verbreitete Ansicht, dass eine Fassadenbegrünung den Putz zerstören könnte, ist nicht richtig. Nur dort, wo bereits Schäden vorhanden sind, nutzen selbstklimmende Pflanzen die auftretenden Unebenheiten als Kletterhilfen und beschleunigen damit die Erosion beschädigter Fassaden. Unbeschädigte Fassaden werden dagegen durch eine Begrünung geschützt und halten länger als unbegrünte. Auch Dacheindeckungen sind durch eine Fassadenbegrünung nicht gefährdet, wenn man ein Mal im Jahr die Dachränder überprüft (was an den Traufseiten sowieso nötig ist, um die Regenrinnen zu säubern) und überstehende Triebe abschneidet. Dort, wo ein Dach bereits überwachsen ist, werden keine Ziegel mehr abgehoben.
Dem Vorurteil, dass durch eine begrünte Fassade Insekten und Spinnen ins Haus gelangen könnten, muss hier widersprochen werden. Natürlich kann sich mal eine Spinne im Winter ins Haus verirren, aber das passiert auch bei unbegrünten Häusern. Insekten werden sogar durch das Vorhandensein von Spinnen eher dezimiert, da sie deren Beute sind. Es ist aber sicher richtig, dass an einer nackten windumtosten Fassade in versiegelter steriler Umgebung durchaus weniger Insekten und Spinnen vorkommen als an einer von Blättern geschützten, begrünten Umgebung. Untersuchungen haben jedoch gezeigt, dass an einer begrünten Fassade wesentlich weniger Individuen zu erwarten sind als in einer vergleichbaren Gartenfläche.

Die Proportionen richten sich nach der vorhandenen Fläche und nach ästhetischen Gesichtspunkten, die Bepflanzungsart hängt von der Größe des entstandenen Beetes ab. Auch die Pflege der Pflanzen sollten Sie in Ihre Überlegungen einbeziehen.

Beeteinfassungen können gemauert oder mit Fertigelementen gebaut werden. Eine vierseitig gemauerte Konstruktion sollte niemals direkt ans Mauerwerk angrenzen, sondern einige Zentimeter davon entfernt aufgebaut werden. Man kann aber auch auf eine rückwärtige Wand verzichten und eine Schutzplatte an die Wand stellen.

■ PFLANZUNGEN IN KÜBELN

Plätze, Höfe und Fassaden lassen sich auch mithilfe fertiger Pflanzkübel begrünen. Diese haben den Vorteil, dass man sie zur Not umstellen kann. Bedenken Sie immer: Auch an dem neuen Standort muss der Wasserabzug auf jeden Fall gewährleistet sein.

Nicht alle Pflanzen gedeihen dauerhaft in Kübeln, zumal die Erde in kalten Wintern an exponierten Plätzen vollständig durchfrieren kann. Dies muss bei der Materialwahl berücksichtigt werden, denn die meisten dekorativen Pflanzgefäße sind nicht frostfest. Der Wurzelraum in ihnen ist begrenzt, was zu einer Sprengung des Gefäßes nicht nur durch Frost, sondern auch durch die sich ausdehnenden Wurzeln führen kann.

Kübelbepflanzungen sind pflegeintensiver und empfindlicher als solche in erhöhten Beeten. Genau zu überlegen ist daher, was angepflanzt wird, die Zeit für die Pflege und die Überwinterung der Pflanzen.

◄ In einem geschützten kleinen Innenhof in milder Lage überwintert dieser Efeu schon Jahre im gleichen Kübel.

◄ Hier wurden nach Rücksprache mit der Behörde einige Pflastersteine des Gehsteigs für die Kletterpflanzenbeete entfernt.

▶ *Begrünungsformen kennen lernen*

Bei jeder Begrünungsmaßnahme spielen nicht nur die gestalterischen Gesichtspunkte eine wichtige Rolle, sondern es müssen auch die Ansprüche der Pflanzen, ihr Wachstumsverhalten und der Pflegeaufwand berücksichtigt werden.

Je nährstoffreicher und feuchter der Boden, desto schneller und üppiger werden die darin wurzelnden Pflanzen wachsen und umso stärker müssen sie unter Umständen zurückgeschnitten werden.

Intensivbegrünungen in erhöhten Beeten und Kübeln benötigen mehr Düngung und Wasser und sind meist anfälliger für Schädlingsbefall und Frost.

Extensivbegrünungen mit mageren Substraten bedürfen selten einer zusätzlichen Wässerung oder Düngung. Sie wach-

sen langsamer, müssen kaum geschnitten werden und sind daher pflegeleicht. Schädlingsbefall kommt an trockenresistenten heimischen Pflanzen nur sehr selten vor. Pflanzen aus südlicheren Gefilden vertragen Frostperioden in geschützten Höfen besser, wenn sie an nährstoffarmen trockenen Plätzen stehen.

Naturnahe Pflanzungen sind Pflanzenzusammenstellungen, die den natürlichen Pflanzengesellschaften abgeschaut sind. Sie können sowohl intensiv als auch extensiv in ihren Ansprüchen an Boden und Pflege sein.

■ BEETFORMEN

Bodenbündige flächige Begrünung: Bei allen Pflanzbeeten muss eine Entwässerung ge-

▼ Diese naturnahe Zusammenstellung von heimischen und nicht heimischen Pflanzen in Beeten und Kübeln in einem Gartenhof ist hübsch anzusehen, standortgerecht und pflegeleicht.

währleistet sein. Dazu wird zuunterst eine gut dränierende Schicht aus Schotter, grobem Kies oder Lavabims eingebaut. Darüber kommt dann die eigentliche Pflanzerde, auch Substrat genannt, die meist keine übliche Gartenerde ist.

Die Zusammenstellung des Substrats ist von der gewünschten Pflanzengesellschaft abhängig. Bei einer extensiven bodenbündigen Bepflanzung, wie zum Beispiel Schotterrasen, Fugenbegrünung und Duftrasen handelt es sich um ein nährstoffarmes, wasserdurchlässiges und tragfähiges Substrat. Die hierzu passenden Arten sind in der Regel niedrig wachsende, robuste und trockenresistente „Hungerkünstler". Eine Düngung flächiger Bepflanzungen ist in der Regel unnötig und nicht erwünscht, da ein zu starkes Wachstum die Pflanzen empfindlich gegenüber Umwelteinflüssen wie Frost und Trockenheit macht, sowie auch gegen Schädlingsbefall und mechanische Einflüsse, die durch Begehen und Befahren entstehen.

Erhöhte Beete: Für anspruchsvollere Pflanzen wie Zwerggehölze, Stauden und Kletterpflanzen können Sie die Beete durch

▲ Niveauunterschiede in Hof und Garten lassen sich mit erhöhten Beeten ausgleichen, die gleichzeitig als Stufen dienen können.

TIPP

■ Je größer und bodennäher ein erhöhtes Pflanzbeet ist, desto weniger intensiv müssen Sie es wässern, düngen und vor Frost schützen.

Aufkantungen erhöhen, wie auch bei sehr ungünstigen Bodenverhältnissen. Dies verschafft den Pflanzen mehr Wurzelraum und Sie selbst müssen bei der Erstellung des Beetes nicht so tief graben.

Bevor Sie das Beet mit Substrat füllen, das immer passend für den Standort und die jeweilige Bepflanzung angemischt wird, ist für einen ausreichenden Wasserabzug zu sorgen. Eine etwa 5 cm hohe Mulchdecke aus Splitt, Kies oder Natursteinen verhindert, dass die Erde bei Regen an die Hauswand spritzt und bei Sonnenschein zu schnell austrocknet.

Bei starkem Frost und kleinen, stark erhöhten Beeten kann die Pflanzerde durchfrieren, was besonders in den ersten Jahren nach der Pflanzung den Wurzelballen schädigen kann. Ältere

Substratmischungen für naturnah bepflanzte Beete und Kübel

Standort	Substratbestandteile und ihr Mischungsverhältnis	Dränagematerial	Mulchdecke
Sonnig	je 1/3 Sand, magere Erde, Kompost	Kies oder Poroton	Splitt oder Kies
Halbschattig	je 1/3 Sand, gute Gartenerde, Kompost	Kies oder Poroton	Splitt, Kies oder Holzhäcksel
Schattig	je 1/3 magere Gartenerde, gute Gartenerde, Kompost	Schotter oder Kies	Rindenmulch oder Holzhäcksel

Pflanzen wurzeln dagegen schnell im gewachsenen Boden und der Frost kann ihnen nicht mehr viel anhaben.

■ KÜBEL

Bepflanzungen in Kübeln sind meist Intensivbegrünungen, die besonders gepflegt werden müssen. Wasserabzug und Dränageschicht sind hier ebenso zu gewährleisten wie bei Pflanz-

beeten. Das Substrat ist noch sorgfältiger auszuwählen, im Sommer muss man gießen und im Winter für Frostschutz sorgen. Es gibt auch anspruchslose naturnahe Pflanzenzusammenstellungen für Kübel.

Die Kübel sollten zum Haus und zum Gesamtdesign passen. Um den Winter draußen überdauern zu können, müssen sie frostfest sein. Will man sie drinnen oder an einem geschützten Platz überwintern lassen sind transportable Gefäße wichtig. Die Größenverhältnisse zwischen Pflanze und Kübel sollten ebenso stimmen wie zwischen Hof und Kübel. Statt wenige große Pflanzgefäße lassen sich auch mehrere in kleine Gruppen zusammenstellen. Zum Transport ist eine Sackkarre unentbehrlich, es gibt Kübel mit Rollen, flache Rollhilfen oder man legt Rundhölzer unter.

▼ Kübel müssen auch im bepflanzten Zustand transportabel sein.

◀ Anspruchslose Pflanzen wie dieser Lauch können auch in Kübeln überwintern.

Gießrand (≈ 3 cm)
Mulchdecke

Substrat

feiner Kies, Poroton o.ä. (≈ 5 cm)
Grober Kies (≈ 10 cm)

Abzugslöcher

◀ Dieses Schema des Substrataufbaus gilt gleichermaßen für erhöhte Beete und Kübel.

Bodentypen und empfohlene Zuschlagstoffe

Bodentypen	Zuschlagstoffe	empfohlene Menge pro Quadratmeter Beet
Sandige Böden	Kompost, Rindenkompost	40-80 Liter
	Gesteinsmehl, Bentonit	50-200 g
Lehmige Böden	Gewaschener Sand	30-50 Liter
	Kompost, Rindenkompost	30-50 Liter
Humose Böden	Rindenkompost	30-50 Liter
	Gesteinsmehl, Bentonit	50-200 g
Böden unter Bäumen	Rindenkompost	30-50 Liter
	Hornspäne	50-100 g
	Kalk, Holzasche	50-200 g

Kapitel 2

Hofbegrünungen planen und entwerfen

▶ Den Ist-Zustand zeichnen

▶ Von Beispielen lernen

▶ Detailplanungen entwerfen

▶ *Den Ist-Zustand zeichnen*

Um einen eigenen Plan zu entwerfen müssen Sie weder Architekt noch Bauzeichner sein. Sie benötigen lediglich Papier, ein Lineal, ein Geodreieck, einen Bleistift, Buntstifte und etwas Geduld.

Der erste Schritt ist das Zeichnen des Ist-Zustandes und zwar praktischerweise im Maßstab 1:100. Dies bedeutet: 1 cm im Plan entspricht 1 m in der Wirklichkeit.

Zum Zeichnen Ihres Plans greifen Sie am besten auf die vorhandenen Pläne des Bauge-suches zurück, wie auf den amt-lichen Lageplan (für Nachbarge-bäude und Himmelsrichtung), den Erdgeschossgrundriss (für die Lage von Ein- und Ausgän-gen, Fenstern, Dachüberstand, Hausmaße u. a.), auf Gebäude-schnitte (für den Anschluss des Geländes an das Gebäude) und die Ansichten des Gebäudes aus allen vier Himmelsrichtungen (für Fassadenbegrünungen, La-ge der Fenster u. a.). Überprüfen Sie immer den Maßstab, da er sich beim Kopieren der Unterla-gen ändern kann.

Zeichnen Sie nun zuerst alle vorhandenen Gebäude, Grund-stücksgrenzen, die Himmels-richtung, wichtige Nachbarge-bäude und Ausblicke mit ein, aber auch erhaltenswerte Gehöl-ze, Zisternendeckel und Versor-gunsleitungen (Wasser, Gas, Te-lefon, Strom). Überprüfen Sie, ob die im Plan angegebenen Maße stimmen.

Ihren Plan sollten Sie nun mehrfach kopieren, denn er ist die Grundlage für alle folgenden Entwürfe für eine Neu- oder Umgestaltung.

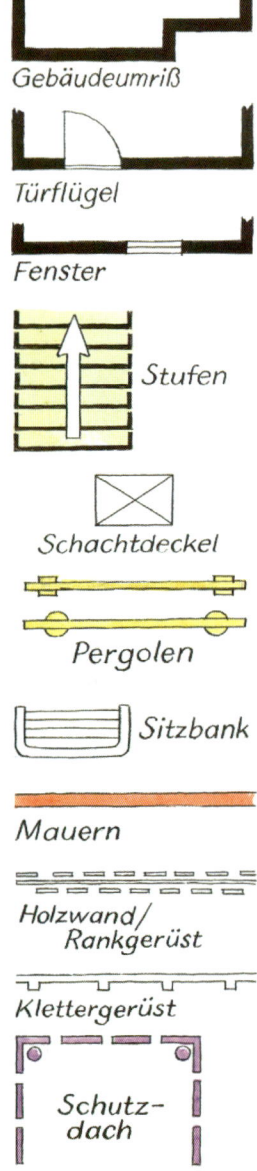

■ *EINEN WUNSCHZETTEL SCHREIBEN*

Der Entwurf für die Neu- oder Umgestaltung beginnt mit dem Ergründen der eigenen Wün-sche. Schreiben Sie sich eine Liste, in die Sie alle Wünsche und Vorstellungen eintragen, sei es die zukünftige Nutzung des Hofes oder die Blütenfarbe der Fassadenbegrünung.

Ihre Liste darf auch scheinbar unrealistische Vorstellungen enthalten, denn in dieser An-fangsphase der Planung sollten wir noch keine Idee verwerfen. Vielleicht stellt sich ja im Verlauf der nächsten Überlegungen her-aus, dass zumindest ein Teilas-pekt dieses Wunsches verwirk-licht werden kann.

◀ Übliche Zeichensymbole für Pläne.

Alte Häuser

- Bei älteren Häusern sind manchmal keine Pläne mehr vorhanden, oder es fehlen neu hinzu gekommene Gebäude und Bauteile. Hier muss man mit einem Maßband, am Besten zusammen mit einem Helfer, Grenzen, Gebäude und Gehölze einmessen und in einen Plan eintragen. Messen Sie dazu immer von einem bekannten Punkt aus, zum Bespiel einer Gebäudeecke und überprüfen Sie alle gefundenen Maße durch das Nachmessen von einem anderen Punkt aus.

■ *N UR EINE TRÄUMEREI?*

Sie wünschen sich einen Innenhof wie in der Alhambra, mit plätscherndem Wasserbecken, tropischen Pflanzen in erhöhten Beeten sowie begrünte Laubengängen, verwerfen den Gedanken jedoch gleich wieder: „Wir sind ja nicht in Spanien!".

▲ Sitzplätze im Hof müssen eben und geschützt sein, so kommt eine gemütliche Atmosphäre auf.

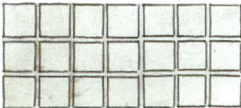

Pflasterplatten

Rechteckverband

Holzdeck

Feinkies/Schotterrasen

Grobkies

Geschnittene Hecke

Pflanzen mit architektonischem Charakter

Geplante große Bäume

Kletterpflanzen

▲ Übliche Zeichensymbole für Pläne.

Nicht so schnell! Schreiben Sie diesen Wunsch nieder und überlegen Sie, was Ihnen an den spanischen Innenhöfen so gefällt. Ist es der Duft der Pflanzen, die Atmosphäre, die ein geschützter Innenhof ausstrahlt, die Raumaufteilung? Konkretisieren Sie Ihre Wünsche nach einem Wasserbecken, das nur im Sommer benötigt wird oder nach einer *Bougainvillea*. Erst wenn Sie wirklich wissen, dass zum Beispiel eine Pflanze auf keinen Fall unter den gegebenen Umständen wachsen wird, sollten Sie Ihren Wunsch ins Reich der Träume schicken.

▼ Platzbedarf für Sitzplätze.

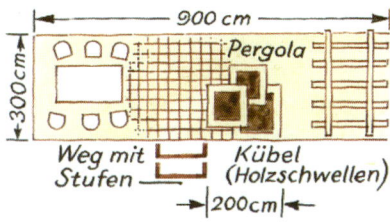

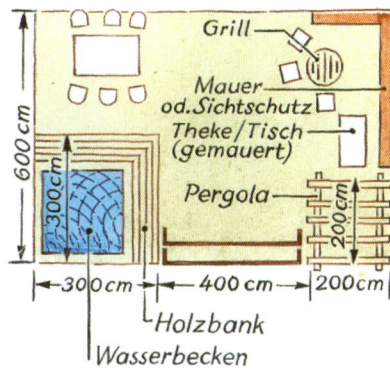

▶ Von Beispielen lernen

An drei unterschiedlichen Ausgangssituationen sehen Sie hier – als Planungshilfe – wie Höfe vor und nach der Begrünung aussehen können.

■ FALLBEISPIEL A:
EIN 4-SEITIG BEGRENZTER INNENHOF

vorher

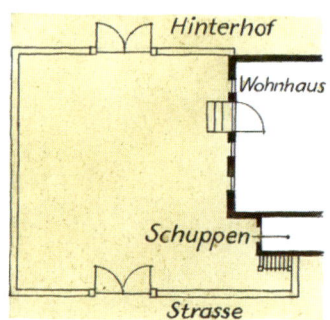

DIE AUSGANGSSITUATION ZEIGT...

... den Innenhof eines städtischen Ein bis Zweifamilienhauses. Der Hof ist klein, schattig, vom eigenen Haus und von Mauern begrenzt. Er ist Durchgang zum Privathaus und zum Hinterhof, wo ein Bürogebäude steht, soll auch Privatgarten der Haus- und Büroeigentümer, einem Ehepaar mit erwachsenen Kindern, sein.

DIE WUNSCHLISTE:

- Stilsicherer und repräsentativer Hof (für Kunden und Gäste!)
- Private Rückzugsmöglichkeit mit Abschirmung von oben
- Durchgang zum Hinterhof muss frei bleiben
- Platz für Fahrräder
- Kübelpflanzen mit mediterranem Flair
- Plätscherndes Wasserbecken (zumindest im Sommer)

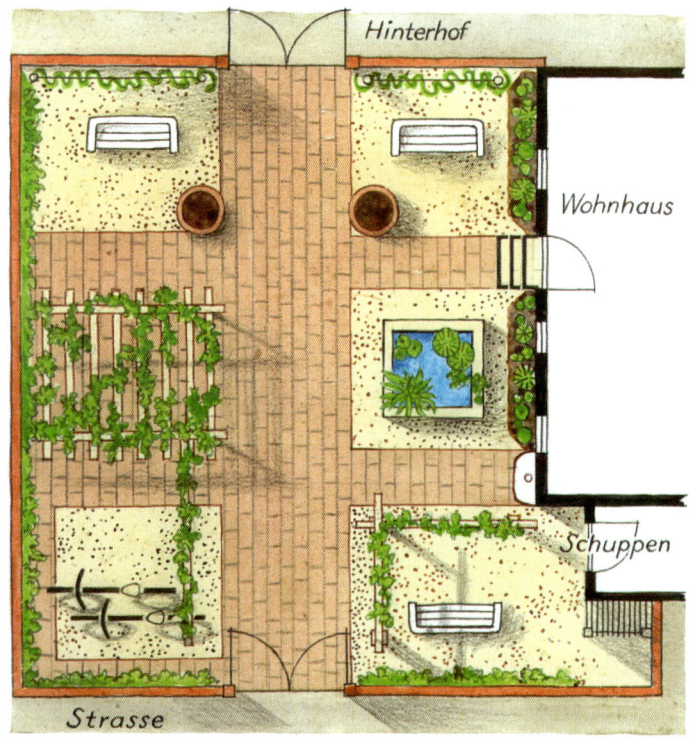

nachher

DER ENTWURF ZEIGT...

... einen formal gegliederten Hof, der alle Wünsche beinhaltet.

Der geklinkerte Hauptweg führt Kunden direkt auf das Hoftor zu, eine begrünte hölzerne Pergola lenkt den Blick von der Nutzfläche vor dem Schuppen ab. In der Laube können die Hausbesitzer geschützt sitzen. Ihr gegenüber liegt das erhöht gemauerte Wasserbecken, das im Winter entleert und mit einer Isolierglasscheibe abgedeckt zum Überwinterungsplatz der frostempfindlichen Kübelpflanzen wird. Die Bänke rechts und links des hinteren Tores unterstreichen den formalen Charakter, wirken einladend und sind sonnige Sitzplätze. Der Klinkerbelag der Wege und unter der Laube passt zum Haus aus Ziegelsteinen, die hellen Kiesflächen sind ein schöner Kontrast, binden das Wasserbecken ein und bedecken auch die Beete der Kletterpflanzen. Tore, Fensterrahmen, Bänke und sonstige Holzteile sollten ein einheitliches Bild in Holzart oder Anstrich ergeben, damit die formale Wirkung nicht zerstört wird.

■ **FALLBEISPIEL B:**
  EIN 3-SEITIG BEGRENZTER INNENHOF

vorher

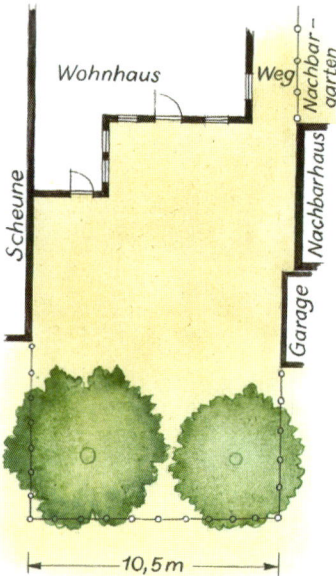

DIE AUSGANGSSITUATION ZEIGT...

... den Innenhof eines ländlichen Anwesens. Hier wohnt eine Familie mit drei Kindern und Hund zur Miete. Der Hof ist vom eigenen Wohnhaus und den Nachbargebäuden begrenzt. Im Süden schließt sich ein Garten an. Das Gelände ist leicht abschüssig.

DIE WUNSCHLISTE:

- Platz, um Familienfeste zu feiern
- Die hässliche Scheunenwand verdecken
- Spielbereich für die Kinder
- Ein Gartenhaus
- Ebene Flächen schaffen
- Abschirmung der Terrasse vor den Blicken aus dem Nachbarhaus

DER ENTWURF ZEIGT...

... einen Hof, der alle Wünsche der Familie erfüllt und einen schönen Übergang zum Garten schafft.

Die Stufen zwischen der gepflasterten Terrasse und dem gekiesten Hof sowie zwischen Hof und Rasen schaffen ebene Flächen und gliedern das Anwesen. Die Pergola auf der Ostseite verhindert neugierige Einblicke aus dem ersten Stock des Nachbarhauses und bindet den Weg ein. Auf der Westseite verdeckt eine weitere Pergola die etwas hässliche Scheunenwand und bietet einen geschützten Sitzplatz.

Der Kinderspielbereich in Form eines „Baumhauses", gleich neben einem neu gepflanzten Hochstamm angesiedelt, mit Schaukelplätzen und einer Sandkiste, liegt gegenüber dem Gartenhaus. Dieses ver-

nachher

deckt die Garagenrück-
wand des Nachbarn und
kann in das Spiel der
Kinder einbezogen
werden.

Die Kletterpflanzen an
allen Wänden der Nach-
bargebäude und an den
Pergolen können direkt
in den Boden gepflanzt
und mit Kies bedeckt
werden. Sie verleihen
dem Hof einen gewissen
Gartencharakter und
stellen eine schöne Ver-
bindung zwischen allen
Baukörpern und dem
Garten her.

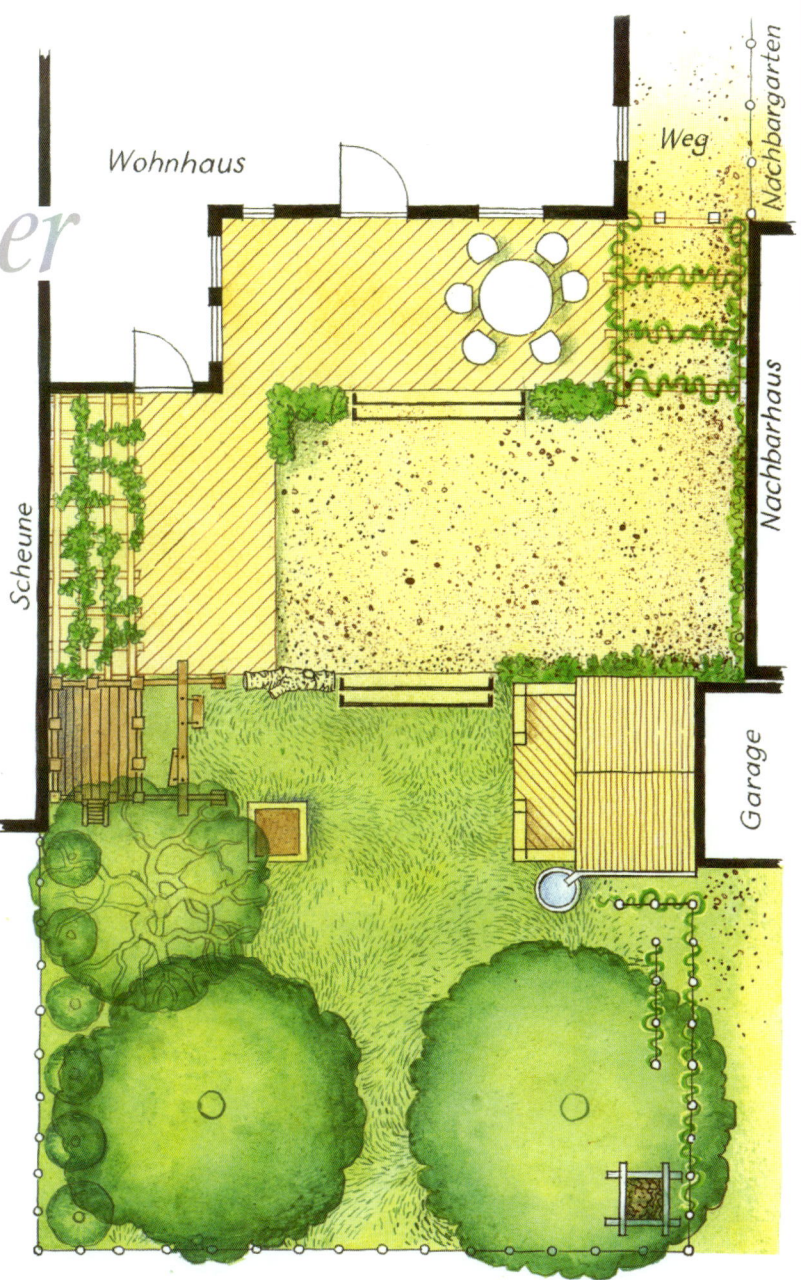

■ **FALLBEISPIEL C:**
EIN 2-SEITIG BEGRENZTER GARTENHOF

Haus 1

Fussweg

6 m

vorher

DIE AUSGANGSSITUATION ZEIGT...

... eine Reihenhaussituation. Die Häuser sind versetzt angeordnet, so dass sich zweiseitig begrenzte Höfe ergeben. Ein vom Architekt vorgesehener Terrassenschrank grenzt auch die dritte Seite teilweise ab. Haus 1 wird von einer jungen Familie mit zwei kleinen Kindern bewohnt.

DIE WUNSCHLISTE:
- Eine Schaukel mit zwei Schaukelplätzen
- Eine Sandkiste
- Vollständiger Wind- und Sichtschutz nach Nordwesten
- Fassadenbegrünung
- Große Terrasse mit Platz zum Wäsche trocknen
- Ein kleiner Obstbaum und Obststräucher

nachher

DER ENTWURF ZEIGT,...

... dass trotz der geringen Fläche des Gartens alle Wünsche erfüllt werden konnten.

Die gepflasterte Terrasse geht auf gleicher Höhe in den Rasen über, sodass bei vielen Gästen auf diesen ausgewichen werden kann. Ein Dachvorsprung des Terrassenschranks bietet Platz zum Wäsche trocknen und schafft, mit einer rückwärtigen Wand versehen, Wind- und Sichtschutz. Der Kinderspielbereich im unteren Gartenteil kann leicht wieder abgebaut werden, wenn die Kinder groß sind – oder das Baumhaus ist später Gartenhütte. Die Wahl des Obstbaums auf dem kleinen Grundstück ist schwierig: Nimmt man einen auf einer schwachwüchsigen Unterlage veredelten Busch von maximal drei Metern Durchmesser oder eine schlanke kleinkronige Wildobstart, z. B. eine essbare Eberesche, unter deren Krone man hindurch gehen kann?

▲ Hier wird ein Alternativ-Entwurf gezeigt, der sich für eine Familie mit bereits großen Kindern eignet. Es dominiert eine nach Süden ausgerichtete Terrasse mit erhöhten Pflanzbeeten. Die Kletterpflanzen dominieren den Innenhof, der dadurch in schönem Kontrast zum gegenüber liegenden Teich steht.

▶ Detailplanungen entwerfen

*Haben Sie den Übersichtsplan für Ihre eigene Hof-
begrünung gezeichnet, dann sollten Sie sich nun
Gedanken über die Detailplanung für die Pflanzbeete
machen.*

Wie bereits auf den Seiten 16 ff. dargestellt, haben Sie die Möglichkeit, sich zwischen bodenbündigen Beeten, erhöhten Pflanzbeeten sowie mobilen Pflanzkübeln zu entscheiden. Für größere Gehölze und Kletterpflanzen sollten Sie möglichst ein Beet mit Bodenanschluss wählen. Bei dieser Beetform müssen Sie sich neben Standort- und Substratfragen und der Wahl der dafür geeigneten Pflanzen hauptsächlich Gedanken über die Pflege und die Begrenzung zu den Nachbarflächen hin machen. Erhöhte Beete sind dagegen klar abgegrenzt und in angenehmer Körperhaltung zu pflegen. Dabei müssen Sie auf die ergonomisch und ästhetisch passende Größe und Form, die Materialwahl und Bautechnik achten. Mobile Kübel sind inzwischen in fast allen Größen, Formen und Farben im Handel erhältlich. Es ist eine Frage des Geschmacks, aber auch der Pflanzenansprüche

▶ **Die Übergänge zwischen bodenbündigen Beeten, erhöhten Beeten sowie Kübeln zum angrenzenden Hofbereich sollten eben und pflegeleicht sein.**

> **Tipp**
>
> ■ Die von Ihnen erstellten Pläne und die Liste aller Dinge, die Sie benötigen und zu beachten haben, sind zusammen eine unerlässliche Einkaufshilfe, falls Sie die Ausführung selbst übernehmen möchten. Beide sind aber auch wichtige Hilfen für das Gespräch mit einem Fachbetrieb des Garten- und Landschaftsbaus, falls Sie die Arbeiten lieber vergeben wollen.

und der Transport- bzw. Überwinterungsmöglichkeiten, welche Sie auswählen.

Die Entwürfe für Detailplanungen können Sie als Ansicht oder als Draufsicht auch per-

bodenbündiges Beet

Hauswand

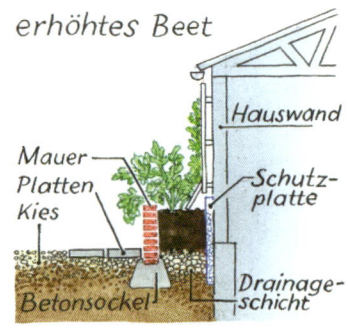

erhöhtes Beet

Hauswand

Mauer
Platten
Kies

Schutzplatte

Betonsockel

Drainageschicht

Kübel

spektivisch darstellen. Zumeist ist ein Maßstab von 1:50, 1:20 oder gar 1:10 angemessen, damit alle Details Eingang in den Plan finden. Dazu zählen auch unterirdische, später nicht mehr sichtbare Bauteile wie Dränschichten und Fundamente. Sie sollten auch nicht vergessen, alle wichtigen Maße wie Längen, Breiten, Höhen sowie die Größe der Mauersteine, die Breite von Fugen und anderes mehr in den Plan zu schreiben. Führen Sie gleichzeitig eine Liste der

benötigten Baustoffe, dann können Sie mithilfe des Plans anschließend alle benötigten Materialmengen leicht errechnen (siehe Seite 68).

Übersichts- und Detailpläne aus den vorangegangenen Beispielen sollen Ihnen auf den folgenden Seiten eine kleine Auswahl von Möglichkeiten zeigen, wie Pflanzbeete und Kübelarrangements für Hofbegrünung aussehen könnten und wie Sie bei Planung und Entwurf vorgehen sollten.

▼ **Gemütlicher Sitzplatz im Gartenhof.**

■ **FALLBEISPIEL D:**
EIN BODENBÜNDIGES BEET HERSTELLEN

DIE SITUATION:

Der mit Waschbetonplatten versiegelte Hof einer Familie in einem Mietshaus (siehe Seite 26).

DIE WUNSCHLISTE:

Teilentsiegelung, Auflockerung der Fläche durch niedrige Pflanzen, Teilung des Hofs in einen ruhigen Sitzplatz und einen Kinderspielbereich, Waschbetonplatten im Wesentlichen erhalten, aber auch mit wenig Aufwand und Kosten neue Pflanzflächen schaffen. Ein Rückbau muss mit wenig Aufwand gegeben sein.

DER ENTWURF:

Einige Platten werden entfernt und bodenbündige Beete mit runden grauen Granitfindlingen und großen Kieseln sowie Gräsern und anderen niedrigen Pflanzen gestaltet. Dies passt zu den Waschbetonplatten und suggeriert eine kiesige Flusslandschaft, die den großen Hof in einen Teil zum Sitzen und einen Spielbereich unterteilt. Ein großes Becken, mit Bohlen eingefasst und mit Sand gefüllt,

dient als Sandkiste, kann aber später wieder entfernt oder mit einer Folie ausgekleidet zum Wasserbecken werden. Der Holzsteg bindet es optisch besser ein, dient zum Sitzen und Spielen. Man kann ihn auf gleicher Höhe wie die Platten einbauen, etwas erhöht auf die Platten legen oder als Sitzgelegenheit in Stufenform gestalten. Die gerade Terrassenkante vor dem Gartenteil wird durch Einbuchtungen für Beete aufgelockert. Durch eine niedrige Bepflanzung wirkt der gepflasterte Hofteil geschlossen, ohne dass der Blick in den Garten versperrt ist.

Das Detailbild zeigt einen Teil der Flusslandschaft mit Granitfindlingen, Kieseln und Pflanzen. Die großen Steine werden zu etwa einem Drittel in das Sandbett gelegt. Dann pflanzt man die Zwerggehölze, Gräser und Stauden unter Zugabe von etwas Rindenkompost.

Ganz zuletzt werden die großen Kiesel dazwischen geschüttet. Beim Rückbau der Anlage müssen Sie nur Steine und

Pflanzen entfernen und die Platten danach wieder auf das geglättete Sandbett legen.

▲ Detail des bodenbündigen Beetes.

Halbschattige, kiesige Flusslandschaft

Zwerggehölze
Deutsche Tamariske (*Myricaria germanica*)
Kissen-Eibe (*Taxus baccata*)
Kriechende Sand-Kirsche (*Prunus pumila* var. *depressa*)
Kriech-Weide (*Salix repens*)
Rosmarin-Weide (*Salix rosmarinifolia*)
Sand-Weide (*Salix arenaria*)
Gräser
Blaugrüne Segge (*Carex flacca*)
Frühlings-Hainsimse (*Luzula pilosa*)
Nickendes Perlgras (*Melica nutans*)
Pfeifengras (*Molinia caerulea*)
Ruten-Hirse (*Panicum virgatum*)
Sumpf-Segge (*Carex acutiformis*)
Weiße Segge (*Carex alba*)
Stauden
Aufrechtes Fingerkraut (*Potentilla recta*)
Frauenmantel (*Alchemilla mollis*)
Frühlings-Schlüsselblume (*Primula veris*)
Gamander-Ehrenpreis (*Veronica chamaedrys*)
Große Braunelle (*Prunella grandiflora*)
Kleines Habichtskraut (*Hieracium pilosella*)
Orangerotes Habichtskraut (*Hieracium aurantiacum*)
Pfennigkraut (*Lysimachia nummularia*)
Zypressen-Wolfsmilch (*Euphorbia cyparissias*)
Zwiebelblumen
Kugel-Lauch (*Allium sphaerocephalon*)
Trauben-Hyazinthe (*Muscari latifolia*)
Zwerg-Iris (*Iris reticulata*)

■ **FALLBEISPIEL E:**
EIN ERHÖHTES BEET MAUERN UND BEPFLANZEN

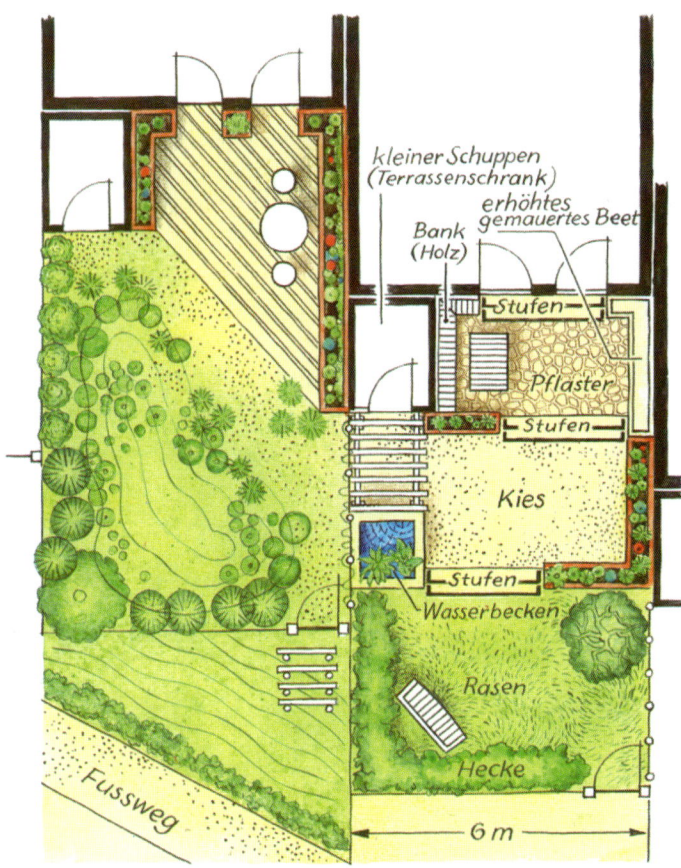

kleiner Schuppen
(Terrassenschrank)

erhöhtes
gemauertes Beet

Bank
(Holz)

Stufen

Pflaster

Stufen

Kies

Stufen

Wasserbecken

Rasen

Hecke

Fussweg

6 m

DER ENTWURF:

Entlang des Nachbargebäudes und neben dem eigenen Garten-schrank werden Beete in ge--wünschter Höhe gemauert. Dazu wird der Boden unter den Beeten etwa 50 cm tief aus-gehoben und die erste Stein-reihe in ein Fundament aus Magerbeton gesetzt. Die oberste Steinreihe muss eine Abdeckung aus hochkant gestellten Ziegel-steinen oder geeigneten Platten erhalten. Man kann aber auch eine Holzbohle oder ein dickes Brett aufdübeln, auf dem es sich besser sitzen lässt.

Das Schnittbild zeigt ein er-höhtes Beet an einer Mauer. Zwischen Mauer oder Haus-wand muss eine Schutzplatte aus geschlossenzelligem Polysty-rol oder ähnlichem gestellt wer-den, deren Oberkante mit einer L-Schiene oder einer Latte abge-deckt wird. Der Trog muss un-ten offen und mit Dränagekies oder grobem Schotter gefüllt werden. Darauf legt man am

DIE SITUATION:

Der kleine Gartenhof eines älte-ren Paares (siehe Seite 28).

DIE WUNSCHLISTE:

Schöne Pflanzen, Pflege ohne Bücken, bessere Einbindung vom Gebäude in den Garten, ebene Flächen trotz Hanglage.

Erhöhtes, halbschattiges Beet

Hintere Reihe: Kletterpflanzen
Alpen-Waldrebe* (*Clematis alpina*)
Anemonen-Bergrebe* (*Clematis montana* 'Rubens')
Efeu (*Hedera helix*)
Immergrünes Geißblatt (*Lonicera henryi*)
Kletterhortensie (*Hydrangea petiolaris*)
Orientalische Bergrebe* (*Clematis orientalis*)
Selbstklimmender Wein (*Parthenocissus tricuspidata* 'Veitchii')
Wald-Geißschlinge* (*Lonicera periclymenum*)
Wilder Wein* (*Parthenocissus quinquefolia*)
Winterjasmin* (*Jasminum nudiflorum*)

Vordere Reihe: Zwerggehölze
Buchsbaum (*Buxus sempervivum*)
Heidelbeere (*Vaccinium myrtillus*)
Niedrige Heckenkirsche (*Lonicera xylosteum* 'Compactum')
Preiselbeere (*Vaccinium vitis-idaea*)
Schneeheide (*Erica carnea*)
Seidelbast (*Daphne mezereum*)
Strauch-Efeu (*Hedera helix*)
Zimt-Rose (*Rosa majalis*)
Zwerg-Feldahorn (*Acer campestre* 'Nanum')
Zwerg-Liguster (*Ligustrum vulgare* 'Compactum')
Zwerg-Schneeball (*Viburnum opulus* 'Compactum')

Gräser
Busch-Hainsimse (*Luzula luzuloides*)
Hängende Segge (*Carex pendula*)
Wald-Hainsimse (*Luzula sylvatica*)
Wald-Segge (*Carex sylvatica*)
Wald-Zwenke (*Brachypodium sylvaticum*)
Weiße Segge (*Carex alba*)
Winkel-Segge (*Carex remota*)

Farne
Borstiger Schildfarn (*Polystichum setiferum*)
Gemeiner Wurmfarn (*Dryopteris filis-mas*)
Hirschzungen-Farn (*Phyllitis scolopendrium*)
Wald-Frauenfarn (*Athyrium filix-femina*)

Bodendecker
Große Sternmiere (*Stellaria holostea*)
Kleines Immergrün (*Vinca minor*)
Ruprechts-Storchschnabel (*Geranium robertianum*)
Wald-Veilchen (*Viola sylvestris*)
(* = Kletterhilfe erforderlich)

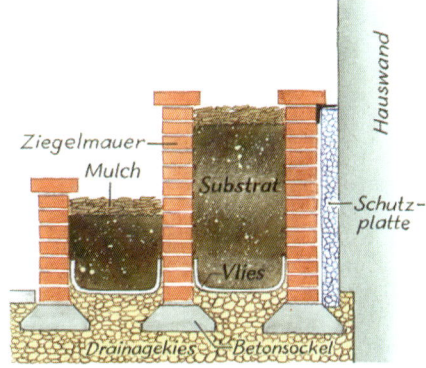

besten ein Dränagevlies, damit die Pflanzerde nicht in die Dränage gespült wird. Die Substratmischung richtet sich nach der gewünschten Bepflanzung, die wiederum von den klimatischen Bedingungen abhängt.

Für ein an Mauer- oder Hauswand angelehntes erhöhtes Beet in halbschattiger Lage eignen sich die aufgelisteten Pflanzen.

Tipp

■ Für eine zweireihige Bepflanzung benötigen Sie etwa pro Meter Beetlänge (bei 30 – 50 cm Beetbreite):
Für die hintere Reihe:
1 Kletterpflanze oder
3 Zwerggehölze oder
5 große Gräser oder Stauden
Für die vordere Reihe:
3 – 5 kleine Gräser, Stauden oder überhängende Zwerggehölze.

■ **FALLBEISPIEL F:**
   BEPFLANZTE KÜBEL IM KLEINEN INNENHOF

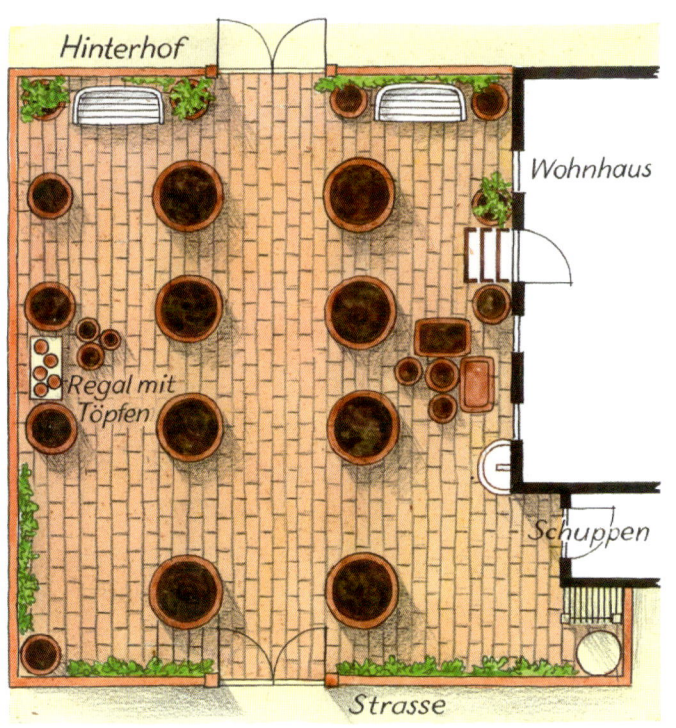

Hinterhof

Wohnhaus

Regal mit
Töpfen

Schuppen

Strasse

DER ENTWURF:

Große frostfeste Kübel mit in Form geschnittenem Buchs säumen den Weg zum Hinterhof und fassen die Bänke ein. Die Ostmauer ziert ein Regal aus Schmiedeeisen, das Töpfe mit schattenliebenden Pflanzen enthält und im Winter abgeräumt wird. Vor dem Haus stehen eckige und runde frostfeste Kübel, die im Frühjahr mit den Kräutern bepflanzt und im Winter ausgeräumt oder abgedeckt werden. Alle Kübel mit mediterranen Pflanzen stehen an sonnigen Plätzen. Diese müssen nicht frostfest, aber transportabel sein.

Kübelarrangements müssen in Form und Material der Gefäße und auch in der Bepflanzung aufeinander abgestimmt sein. Die Pflanzengestalt sollte die Gefäßform unterstreichen. Frei stehende Gruppen von drei Gefäßen unterschiedlicher Höhe sehen schön aus und sind gut zu pflegen, da man an sie herankommt. Kübel und Pflanzen sollten in Form, Farbe und Material zueinander und zum Stil des Hofs passen.

DIE SITUATION:

Vierseitig begrenzter, geschützter gepflasterter Hof (s. Seite 24).

DIE WUNSCHLISTE:

Die Pflasterung soll erhalten bleiben, bepflanzte Kübel den Hof verschönern – mit Kräutern für die Küche und mediterranen Pflanzen zur Dekoration. Eine Überwinterungsmöglichkeit ist für einige Kübel vorhanden.

Für ein Gruppenarrangement (siehe Grafik) benötigen Sie:

- Einen hohen schlanken Kübel A (z. B. D = 60 cm, H = 80 cm) mit etwa 220 Litern Inhalt
- Einen niedrigeren konischen Kübel B (z. B. D/oben = 60 cm, D/unten = 40 cm), H = 50 cm) mit etwa 95 Litern Inhalt
- Eine flache Schale C (z. B. Untersetzer, D = 80 cm, H = 10 cm) mit 100 Litern Inhalt

▶ Japanischer Fächerahorn, in Form geschnittener Buchs und diverse Gräser und Polsterstauden zieren diese Kübel.

Kübelbepflanzungen für sonnige bis halbschattige Lage

Mediterranes Flair
Kübel A: Lorbeer (*Laurus nobilis*)
Kübel B: Rosmarin (*Rosmarinus officinalis*)
Kübel C: Orangen-Thymian (*Thymus vulgaris*)

Duftende Kübel
Kübel A: Winterblühende Heckenkirsche (*Lonicera purpusii*)
Kübel B: Salbei (*Salvia officinalis*)
Kübel C: Winter-Bohnenkraut (*Satureja montana* subsp. *illyrica*)

Mini-Wassergarten
Kübel A (bis 80 cm Wassertiefe):
  Blut-Weiderich (*Lythrum salicaria*)
Kleiner Rohrkolben (*Typha minima*)
  Pfeilkraut (*Sagittaria sagittifolia*)
  Sumpf-Segge (*Carex acutiformis*)
  Wasser-Schwertlilie (*Iris pseudacorus*)

Kübel B (bis 30 cm Wassertiefe):
  Kalmus (*Acorus calmus*)
  Scheinzypressengras-Segge (*Carex pseudo-cyperus*)
  Schwanenblume (*Butomus umbellatus*)
  Strauß-Gilbweiderich (*Lysimachia thyrisiflora*)
  Wasserminze (*Mentha aquatica*)
  Wasser-Schwertlilie (*Iris pseudacorus*)

Kübel C (bis 10 cm Wassertiefe):
  Bachnelkenwurz (*Geum rivale*)
  Mehl-Priemel (*Primula rosea*)
  Pfennigkraut (*Lysimachia nummularia*)
  Sumpf-Dotterblume (*Caltha palustris*)
  Sumpf-Vergissmeinnicht (*Myosotis palustris*)
  Trollblume (*Trollius europaeus*)
  Zwerg-Seerose (*Nymphea pygmaea* 'Helvola')

Kapitel 3

Fassadenbegrünungen planen und entwerfen

▶ Fassaden mit Pflanzen gliedern

▶ Kletterhilfen entwerfen

▶ Ecken und Winkel verschönern

▶ Fassaden mit Pflanzen gliedern

Eine begrünte Fassade kann die Schönheit und Architektur eines gelungenen Hauses unterstreichen und auch einem langweiligen oder gar hässlichen Haus ein individuelles und schöneres Aussehen verleihen.

Die Pflanzenauswahl hängt davon ab, welchen Effekt der Fassadenbegrünung man sich wünscht, denn je nach Wuchsform, Blütenfarbe, Blattstruktur und Herbstfärbung der Pflanzen lassen sich Fassaden unterschiedlich gestalten. Durch Kletterhilfen kann die Wuchsrichtung und Ausbreitung der Pflanzen beeinflusst werden, und es lassen sich zusätzliche Effekte, besonders nach dem Laubfall, erzielen.

Sie sollten auch auf den Stil des Hauses achten, der mit passenden Kletterpflanzen wirkungsvoll unterstrichen werden kann. Die Kosten für die Pflanzen sind in der Regel vernachlässigbar, eine haltbare Kletterhilfen, und deren Anbringung kann jedoch teuer werden.

Neben allen ästhetischen Überlegungen müssen auch die Bedürfnisse der Kletterpflanzen berücksichtigt werden, und so zeigt sich bald, dass für jede Fassade trotz der Vielzahl von Klet-

▲ Spreizklimmer

▲ Schlinger

terpflanzen nur noch einige wenige Arten in Frage kommen. Da die Begrünung mit Selbstklimmern ein anderes Vorgehen erfordert als mit Kletterpflanzen, die eine Kletterhilfe benötigen, werden beide Begrünungsformen im Folgenden getrennt behandelt.

Kletterpflanzen zeichnen sich durch besondere morphologische Anpassungen an ihre Lebensweise aus. Man unterscheidet sie nach der Art und Weise, wie sie sich an ihrer Kletterhilfe festhalten.

Spreizklimmer haken sich mit Stacheln oder Dornen, die an Trieben (im Fall der Brombeere auch an der Blattunterseite) sitzen, fest. Sie werden an der Fassade an waagerechten Konstruktionen wie Drahtbespannungen oder Lattenkonstruktionen gezogen.

Schlinger winden sich mittels ihrer Triebe entweder im oder gegen den Uhrzeigersinn (z. B. Hopfen) um senkrechte Kletterhilfen herum – es bieten sich Latten, Stäbe, weitmaschige Gitter, Schräggitter, Spanndrähte und Seile an.

Ranker haben Pflanzenteile wie Seitentriebe oder Blätter zu speziellen Ranken umgebildet, die sich bei Berührung mit einem rauen Gegenstand zu krümmen beginnen und sich dann darum herum winden (z. B. der Echte Wein). Als Kletterhilfen bevorzugen sie Gittergerüste, Schnüre, Drähte und Maschendrahtzäune. An der Spitze der Ranken können sich zusätzlich Haftorgane befinden (z. B. Selbstklimmender Wein), die es der Pflanze ermöglichen, ohne Rankhilfe an den Mauern empor zu wachsen.

Wurzelkletterer halten sich mittels kleiner Seitenwurzeln, die aus verholzten Trieben wachsen (z. B. Efeu), direkt an der Unterlage fest, deren Oberfläche daher bestimmte Anforderungen erfüllen muss. Diese Haftwurzeln nehmen weder Wasser noch Nährstoffe auf, sondern scheiden klebriges Sekret aus, das die Pflanze zusätzlich festheftet.

▲ Ranker

▲ Wurzelkletterer

■ *VORÜBERLEGUNGEN ZUR FASSADENBEGRÜNUNG*

Fassaden erhalten ihr Aussehen durch ihre Gliederung, die sich aus der Anzahl der Stockwerke sowie der Form und Anzahl ihrer Fensterausschnitte ergibt. Wichtige Gestaltungselemente, die durch eine Begrünung ver-

deckt oder unterstrichen werden können, sind aber auch das Material und die Farbe der Wandoberfläche. Die erste Frage, die sich bei der Planung ergibt, ist demnach: „Will ich die Fassade verdecken oder hervorheben?" Die zweite Frage könnte sein: „Soll die Gliederung der Fassade unterstrichen oder aufgehoben werden?"

■ *DER ENTWURF*

Zeichnen Sie für Ihre Planung die zu begrünende Fassade und kopieren Sie die Pläne mehrfach oder machen Sie Fotos, die Sie übermalen, und spielen Sie die zuvor aufgeführten Möglichkeiten durch: Zeichnen Sie nur die Pflanzen ein (mit eventuell benötigten Kletterhilfen beschäftigen wir uns im nächsten Kapitel!). Vergessen Sie nicht, die Himmelsrichtung und Beschattungen durch andere Gebäude oder Gehölze zu notieren, und erstellen Sie ein Liste mit Ihren wichtigsten Wünschen.

Sind Sie zu dem Schluss gelangt, dass Sie eine flächige Fassadenbegrünung wünschen, die mehr dem Verdecken dient, dann müssen Sie sich nun mit den zu begrünenden Untergründen und anderen technischen Voraussetzungen für eine Di-

Ein Blick in die Geschichte

■ Schon im alten Rom wurden Rosen, Wein und Efeu zu der Begrünung von Bauwerken genutzt. In der Renaissance waren in den Gärten die mit Kletterpflanzen berankten Pergolen und Lauben ein wichtiges Gestaltungselement.

Ab Mitte des 17. Jahrhunderts wurden zunehmend auch fremdländische Pflanzenarten aus Amerika und Ostasien nach Europa gebracht, wie beispielsweise der Wilde Wein, die Glyzinie und auch der kletternde Knöterich.

Durch eine recht vielfältige Züchtungsarbeit weitete sich im 19. Jahrhundert das Arten- und Sortenspektrum stark

aus. Die Begrünung der Häuser spielte nun eine zunehmend wichtigere Rolle und an vielen Fassaden rankten bald die Kletterpflanzen empor.

Ab Mitte des 20. Jahrhunderts ließen die neuen sachlichen Baustile und moderne Baustoffe die Fassadenbegrünung leider immer mehr in Vergessenheit geraten.

Erst seit relativ kurzer Zeit hat das aufkommende ökologische Bewusstsein dazu geführt, dass die Bauwerksbegrünung bei der Planung von Häusern und auch von Hausgruppen wieder verstärkt berücksichtigt wird.

nem geeigneten Material zu verspachteln und lockere Putzteile abzuschlagen. Haben Sie Zweifel, sollten Sie einen Architekten zu Rate ziehen, der Fassadenbegrünungen befürwortet.

Intakte Putze können Schwierigkeiten bei der Begrünung bereiten, wenn sie sehr hell sind, da sich die Haftorgane der Selbstklimmer nach der dunklen Seite hin orientieren. Auch Kunststoffbestandteile in Fassadenfarben und -putzen erschweren oft eine Begrünung. Vorgehängte und von außen gedämmte Fassaden müssen die Last einer Begrünung tragen können. Ist dies nicht der Fall,

rektbegrünung auseinander setzen. Nicht jeder Untergrund eignet sich für selbstklimmenden Arten wie Efeu (*Hedera helix*) und Wilder Wein (*Parthenocissus tricuspidata*), die in diversen Sorten im Handel erhältlich sind.

Bedenken Sie: Eine begrünte Fassade kann nicht mehr verputzt oder gestrichen werden, ohne die Pflanzen zu zerstören. Sie muss deshalb vor der Begrünung frei von Schäden sein. Alle Putzrisse sind deshalb mit ei-

Wunschliste

Diese Punkte könnte Ihre Wunschliste enthalten:
■ Pflanze soll schnell wachsen
■ Herbstfärbung rot, im Winter Laubfall
■ Soll Nistplätze und Nahrung für Vögel bieten
■ Soll nicht viel Pflegearbeit erfordern
■ Schlagregen soll vom Fassadenputz ferngehalten werden
■ Hauswand streichen soll in Zukunft wegfallen
■ Hässliches Schuppendach soll mit überwuchern

muss man zu stabilen Kletterhilfen greifen, die fest im Boden
verankert sind und die Last tragen können (siehe Seite 50).

■ DER MAUERFUSS ALS STANDORT FÜR FASSADENBEGRÜNUNG

Der Streifen zwischen Mauer
und intensiv genutzter Fläche
eignet sich besonders gut für
Begrünungsmaßnahmen. Meis-
tens ist er an Wohnhäusern als
so genannter Sauberkeitsstreifen ausgebildet. Hinter einer
Stellkante aus Beton befindet
sich ein Kiesstreifen, der ver-
hindern soll, dass bei Regen
Schmutz vom Boden an die
Hausfassade spritzt.

Dieser sterile Streifen soll oft
suggerieren, dass Oberflächen-
wasser ungehindert in eine darunter liegende Dränage läuft.
In Wirklichkeit ist diese ordent-
liche Kiesschicht jedoch meist
Makulatur, denn darunter
wurde häufig Bauschutt, Erde
und Schotterreste bis an die
„Schutzschicht" vor der Keller-
isolierung geschoben. Außerdem befindet sich die Dränage
am Fuß der Bodenplatte auf
Kellerniveau etwa zweieinhalb
Meter darunter.

Ein ausreichender Dachüberstand sollte eigentlich verhin-

▲ **Dieser Efeu schützt die Nord-West-Fassade vor Schlagregen.**

dern, dass Regen an den Fuß der
Fassade gelangen kann. Ist dies
nicht gegeben, dann bietet sich
dieser kahle Streifen um so eher
für eine Begrünung an. Von
einer von Pflanzen bedeckten
und gemulchten Fläche spritzt
nämlich kein Dreck oder
Schmutz an die Fassade zurück,
da der Regen auf einer solchen
Fläche sanft auftrifft.

Tipp

■ Auch Malermeister, Verput-
zer oder Stukkateure, meist
unter dem Begriff „Bau-
dekoration" zu finden, können Ihnen Auskunft über
Fassadenschäden geben,
allerdings sind sie berufs-
bedingt meist keine Befür-
worter von Fassadenbe-
grünungen!

■ **DIREKTBEGRÜNUNGEN**

Diese Form der Fassadenbegrünung benötigt keine Kletterhilfe, weshalb auch das Wachstumsverhalten der Pflanze nicht kontrollierbar ist.

Selbstklimmer breiten sich in der Regel fächerförmig aus und sind für Fassaden, die einen hohen Fensteranteil haben, daher nicht geeignet.

An Fassadenteilen und an Mauern, deren Oberfläche ge-

schlossen, tragfähig, rau und nicht zu hell ist, können Haftwurzelkletterer wie beispielsweise der Efeu gut verwendet werden. Diese finden auch auf geglättetem Putz und auf Sichtbeton noch einen ausreichenden Halt.

Fassadenverkleidungen aus Holz oder Schiefer, Steinplatten, Eternit und Metall sind dagegen für Direktbegrünungen nicht geeignet.

Tipp

■ Haben die Selbstklimmer Anfangsschwierigkeiten mit der Selbsthaftung, können Sie ihre Triebe für diese erste Zeit mittels „Tesa-Strip" an der Fassade festkleben, bis die Pflanzen sich selbst halten.

Kletterpflanzen, die sich für eine Direktbegrünungen eignen

Deutscher/Latein. Name	Klettertechnik	Wuchsstärke	Höhe (m)	Bemerkungen
Selbstkletternde Jungfernrebe (*Parthenocissus quinquefolia*)	RH	schwach	4 bis 5	schöne Herbst färbung ”
Engelmanns Wein (*Parthenocissus quinquefolia* 'Engelmannii')	RH	stark	bis 15	” ”
Dreilappiger Wilder Wein (*Parthenocissus tricuspidata*)	RH u. WK	stark	bis 18	”
Veitch´s Jungfernrebe (*Parthenocissus tricuspidata* 'Veitchii')	RH	stark	bis 18	”
Efeu (*Hedera helix*)	WK	mittel bis stark	10 bis 20	immergrün
Kolchischer Efeu (*Hedera colchica*)	WK	mittel	6 bis 8	immergrün
Immergrüne Kriechspindel (*Euonymus fortunei*)	WK	schwach	3 bis 5	immergrün
Kletter-Spindelstrauch (*Euonymus fortunei* 'Carrierei)'	WK	schwach	3 bis 4	
Kletter-Spindelstrauch/ (*Euonymus fortunei* var. radicans)	WK	schwach	3 bis 4	
Kletter-Hortensie (*Hydrangea petiolaris*)	WK	stark	10 bis 12	

Für die Direktbegrünung eignen sich alle Wurzelkletterer (WK) sowie alle Ranker mit Haftscheiben (RH), die keine Kletterhilfe benötigen und Schatten vertragen.

■ BEGRÜNEN MIT KLETTERHILFEN

Kletterhilfen lenken das Wachstum der Pflanzen und können daher auch ganz gezielt zu einer Gestaltung der Fassade genutzt werden.

Nicht außer Acht lassen sollten Sie nicht, dass die Kletterhilfen auch im unbegrünten Zustand zum Haus und der Umgebung passen müssen, also beispielsweise den Winter über oder auch im Herbst, nachdem das ganze Laub abgefallen ist.

Bei älteren Häusern, die noch mit Klappläden ausgerüstet sind, eventuell mit außen geführten Rollläden und Beschattungsvorrichtungen wie Markisen müssen Sie darauf achten, dass diese durch eine Begrünung nicht in ihrer Funktion beeinträchtigt werden.

Auf den folgenden Seiten zeigen wir Ihnen drei Beispiele, welche Möglichkeiten es gibt, mit unterschiedlichen Kletterhilfen verschiedene Fassaden zu gliedern.

▼ (Oben: Das Wachstum von Selbstklimmern kann ohne Kletterhilfe nicht gelenkt werden.

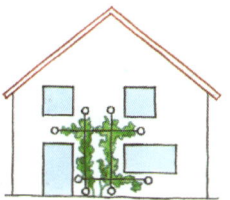

▲ Mit Kletterpflanzen an Gerüsten lassen sich unterschiedliche Effekte in der Fassadengliederung erzielen.

Kletterhilfen

- Drähte, horizontal oder vertikal gespannt
- Seile, vertikal gespannt
- Rohre und Rundstähle, vertikal einzeln oder parallel geführt
- Latten horizontal
- Vorgefertigte Gitter aus Metall oder ummanteltem Draht (Maschendraht, Baustahlgewebe)
- Zaungitterelemente, Rankgitter
- Flachgitter aus Holz, in Quadrat-, Rechteck-, Rauten- oder Diagonalgeometrie
- Hohlgitter mit rundem, quadratischem oder rechteckigem Querschnitt aus Holz, Metall oder auch aus einer Kombination von beidem

Tipp

- Alle bisher üblichen Spezialanstriche wie Putzfestiger und Imprägnierungen sind in der Regel nicht pflanzenverträglich. Neuere Produkte sollen umweltverträglicher sein. Ob sie auch wirklich von den Pflanzen vertragen werden, muss jedoch in jedem Fall geklärt werden.

■ PLANUNGSBEISPIELE: FASSADENBEGRÜNUNGEN

▼ Fassade mit senkrech-
ten Kletterhilfen.

■ **Beispiel 1**

Die Ausgangssituation ist: Die Fassade eines mit Ziegeln gemauerten Hauses aus dem letzten Jahrhundert mit symmetrischer Anordnung der Fenster und Türen.

Die Situation gibt vor: Die Himmelsrichtung Nord-West, für die Pflanzbeete steht nur wenig Platz zur Verfügung. Da kaum ein Dachüberstand vorhanden ist, erhalten die Kletterpflanzen genügend Wasser.

Sie wünschen sich: Eine naturnahe, nicht zu üppige Begrünung die wenig Pflege erfordert. Die Kletterhilfe soll mit wenig Kosten und Aufwand selbst anzubringen sein.

Der Vorschlag: Als Kletterhilfe eignen sich senkrechte Spanndrähte, deren Halterungen in die Ziegel gedübelt werden. Für

Für die Begrünung an N-, N/O- oder N/W-Fassaden eignen sich

Deutscher/Latein. Name	Wuchsstärke	Höhe (m)	Zierwirkung
Pfeifenwinde (*Aristolochia macrophylla*)	stark	8-10	Blatt
Hecken-Geißblatt (*Lonicera heckrottii*)	schwach	3-4	Blüte, Frucht
Immergrünes Geißblatt (*Lonicera henryi*)	stark	5-8	Blüte, Frucht, Laub im Winter
Wald-Geißblatt (*Lonicera periclymenum*)	mittel	3-4	Blüte, Frucht
Gold-Geißblatt (*Lonicera* x *tellmanniana*)	stark	5-6	Blüte, Frucht

die Begrünung können Sie wählen unter allen dauerhaften Schlingern oder Windern (S), die senkrechte Kletterhilfen bevorzugen, aber auch waagerechte Drähte umschlingen können und eine große Beschattung sowie auch kalte Winde ertragen.

■ BEISPIEL 2

Die Ausgangssituation ist: Ein wärmegedämmtes Reihenendhaus mit vorgehängter Holzfassade, durch Haustüre und Fensterausschnitte unregelmäßig unterbrochen.

Die Situation gibt vor: Eine West-Lage und nur wenig Platz für Pflanzbeete wegen dem angebauten Carport und dem Kellerabgang.

Sie wünschen sich: Eine farbenfrohe und unterschiedliche Begrünung mit Kletterpflanzen ohne Dornen oder Stacheln, die Kletterhilfen sollen dem Haus auch im Winter eine individuelle Note verleihen. Geringen Pflegeaufwand für Kletterhilfe und Pflanzen, das begrünte Carportdach soll nicht überwuchert werden.

Der Vorschlag: Zeigt leichte gitterförmige Kletterhilfen aus Metall (z. B. verzinkte gestrichene Baustahlmatten), die sich für Sprossranker und Blattstielranker eignen – sie können in der gewünschten Farbe gestrichen werden. Die Gitterhalterungen werden in die Konterlattung mit 10 cm Abstand zur vorgehängten Fassade geschraubt, so wird die Wärmedämmung nicht beeinträchtigt.

▲ Fassade mit gitterförmigen Kletterhilfen für Sprossranker (RS) und Blattstielranker (RBS).

Für die Begrünung an W-, S/W-oder S/O-Fassaden eignen sich

Deutscher/Latein. Name	Wuchsstärke	Höhe (m)	Zierwirkung
Alpen-Waldrebe (*Clematis alpina*)	schwach	2-3	Blüte blau
Jackman's Waldrebe (*Clematis* x 'Jackmanii')	mittel	3-4	Blüte violett
Anemonen-Waldrebe (*Clematis montana* 'Rubens')	stark	8-10	Blüte rosa
MongolischeWaldrebe) (*Clematis tangutica*)	mittel	4-5	Blüte gelb
Italienische Waldrebe (*Clematis viticella*)	mittel	3-4	Blüte rotviolett
Großblumige Waldrebe (Clematis-Hybriden)	schwach bis stark	2-5	Blüten divers
Stauden-Wicke (*Lathyrus latifolius*)	stark	2	Blüte rosa
Scharlach-Wein (*Vitis coignetiae*)	stark	8-12	Frucht, Blatt, besonders im Herbst
Echter Wein (*Vitis vinifera*)	stark	8-10	Blatt, Frucht

■ BEISPIEL 3

Die Ausgangssituation ist: Die Gartenseite eines niedrigen und langgestreckten Bungalows, der eine relativ helle Putzfassade hat.

Die Situation gibt vor: Eine geschützte Südlage mit vielen Fenstern. Vor den Fenstern liegt eine große und gepflasterte Terrasse. Das Klima in der näheren Umgebung ist etwas rau.

◀ Südfassade eines Bunga-lows mit waagerechten Latten für Spreizklimmer (K) und Spalierobst (SPO).

Sie wünschen sich: Eine klare Betonung der vorhandenen Symmetrie mit in Form geschnittenen Pflanzen und eigenes, Wärme liebendes Obst, das im Garten sonst nicht gedeihen würde.

Sie sind sich darüber im Klaren, dass dieser Gartenwunsch in Zukunft von Ihnen recht viel Pflege und auch eine große Sachkenntnis erfordern wird, damit die Pflanzen richtig gedeihen und Früchte tragen.

Der Vorschlag zeigt: Waagerechte und zudem symmetrisch angebrachte Latten unter und zwischen den Fenstern, die sich für das gewünschte Spalierobst und auch für die Spreizklimmer eignen.

Bei der Auswahl der Begrünung können Sie auf alle spät blühenden Spreizklimmer zurückgreifen und Spaliergehölze auswählen, die viel Sonne vertragen. Eine Auswahl geeigneter Pflanzen zeigt Ihnen die nachfolgende Pflanzenauflistung.

Für die Bepflanzung von Spalieren an Südfassaden eignen sich

Name	Bemerkungen	Wuchsstärke	Klettertechnik/ Spalierform	Schmuck
Kletterrose	alte Sorten	schwach bis mittel	Spreizklimmer	Blüte, Frucht
Kletter-Brombeere	dornenlose Sorten	schwach bis mittel	Spreizklimmer	Blüte weiß
Winter-Jasmin		schwach	Spreizklimmer	Blüte gelb, Blatt immergrün
Wein	in Sorten	mittel bis stark	Ranker	Blatt, Früchte
Kiwi	männl. u. weibl. Pflanzen setzen	stark	Schlinger	Blatt, Früche
Feige z. B. Bauernfeige	nur an frostgeschützten Plätzen	schwach bis mittel	Strauch	Blatt, Früche
Apfel	auch in rauen Lagen	alle Sorten in Buschform	div. Spalierformen	Blüte, Früchte
Birne	warme Lagen	alle Sorten in Buschform	div. Spalierformen	Blüte, Früchte
Pfirsich, div. Sorten	warme Lage	mittel	Fächerform	Blüte, Früchte
Aprikose, div. Sorten	warme Lagen	mittel	versch. Formen	Blüte, Früchte
Sauerkirsche	auch in rauen Lagen	mittel	Fächer mit Stamm	Blüte, Früchte

▶ Kletterhilfen entwerfen

Die Planung von Kletterhilfen setzt Materialkenntnisse und Stilsicherheit voraus. Außerdem müssen Sie sich vor dem Entwurf über die Anbringungsmöglichkeiten an der Fassade im Klaren sein und die Bedürfnisse der Pflanzen berücksichtigen.

Kletterhilfen sind Gestaltungselemente an Mauern und Fassaden, die den Charakter eines Hauses unterstreichen, aber auch stark verändern können. Vor der Planung müssen deshalb alle stilistischen Gesichtspunkte wie Materialwahl, Größe, Form und Farbe feststehen.

Sind Sie sich über diese Punkte weitgehend im Klaren, folgen die Überlegungen zur Anbringung der Kletterhilfe. Dazu sollten Sie gegebenenfalls einen Bausachverständigen um Rat fragen, denn gerade viele moderne Fassaden können aus konstruktiven und/oder wärmetechnischen Gründen nicht einfach angebohrt werden.

Zunächst zeichnen Sie, z. B. im Maßstab 1 : 20, den betreffenden Fassadenteil einschließlich der Kletterhilfe und vermaßen dabei auch alle Abstände, wie beispielsweise zu den Fenstern. Damit der Plan

für einen Schreiner oder Schlosser gut lesbar wird und alle Details enthält, erstellen Sie zudem noch einen Konstruktionsplan in einem ausreichenden Maßstab (z. B. 1:10). Materialstärken, Lochdurchmesser, Befestigungsmaterial und Weiteres werden daneben aufgelistet.

Bei der Planung müssen immer wieder die Bedürfnisse der in Frage kommenden Kletterpflanzen berücksichtigt werden. So ist ein Mindestabstand von der Fassade einzuhalten, die bevorzugte Klettertechnik – ob vertikal oder horizontal – ist zu klären, der Maschenabstand und die Dicke der Streben muss

▲ Rankgitter-Befestigungen mit Abstand zum Mauerwerk.

> ### Tipp
>
> ■ Die in Baumärkten angebotenen Rankgitter aus Holz versprechen meist keine Langlebigkeit und sind auch nicht in der Lage, schwere Pflanzen zu tragen. Falls Sie zu Fertigelementen greifen, müssen Sie nicht nur auf das Material, sondern auch auf die Haltbarkeit von (nicht rostenden!) Verbindungsteilen wie Klammern, Schrauben und Nieten achten.

◀ Auf dem Bild links außen wurde alles falsch gemacht: Die Kletterhilfe ist weder stabil noch langlebig und wurde ohne Abstand an der Wand angebracht. Die Pflanze hat in dem kleinen Kübel keine Chance, sich zu entwickeln und den Winter zu überleben.

◀ Diverse Kletterhilfen aus Holz und Metall schmücken den Balkon und lassen unterschiedliche Pflanzen emporklimmen.

▼ Die Kokosstricke können, nachdem der einjährige Hopfen verdorrt ist, problemlos erneuert werden.

an die Pflanze angepasst werden und es ist auch deren Gewicht nach einigen Jahren des Wachstums zu berücksichtigen.

Für die Materialwahl müssen Sie außerdem bedenken, dass die Kletterhilfe möglichst lange haltbar ist, denn ohne Zerstörung der Pflanze kann sie später nicht mehr gewartet oder gestrichen werden. Auf den folgenden Seiten zeigen wir Ihnen Beispiele für die Planung von Kletterhilfen, was Sie berücksichtigen müssen und wie Sie beim Entwurf vorgehen sollten.

▲ Die senkrechten, begrünten Spanndrähte betonen die vertikale Gliederung der Holzfassade.

■ DETAILPLANUNGEN VON KLETTERHILFEN

■ WAAGERECHTE KLETTER-HILFE AUS HOLZ

Spaliere

- ■ Material: Holz
- ■ Lattenbreite: 4 – 10 cm
- ■ Lattenabstand bei horizontalen Konstruktionen: etwa 40 cm
- ■ Maschenweiten bei Gitterwerken: etwa 50 cm
- ■ Wandabstand: etwa 15 cm

▼ oben: Zuerst werden die senkrechten Dachlatten angebracht, die mit Abstandshaltern unterlegt sind. Darauf kommen die waagerechten Latten, die an den senkrechten befestigt werden.
unten: So sieht das Gerüst von vorn aus.

▲ Spaliere schützen die Hauswand und werden mit nicht selbstklimmenden Arten bepflanzt. Das Dränagerohr führt Gießwasser direkt zum Wurzelraum.

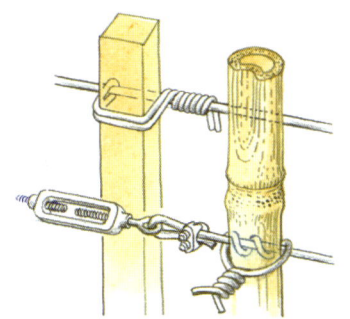

▲ Befestigungen bei Wandkletterhilfen aus Spanndrähten und Holz (Vierkantholz und Bambusstab).

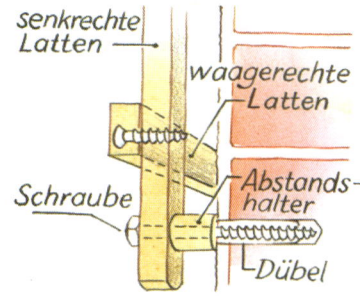

senkrechte Latten
waagerechte Latten
Schraube
Abstandshalter
Dübel

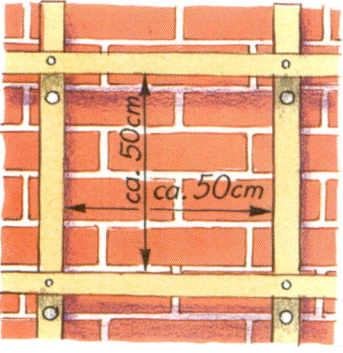

ca. 50cm
ca. 50cm

■ *Senkrechte Spann-drähte: Befestigung an einer Ziegelmauer und Anbringung an einer Holzfassade*

Spanndrähte

- Material: verzinkter und/oder ummantelter Draht oder Kunstfaserseile
- Durchmesser von Spanndrähten:
- Abstand der vertikalen Drähte: mindestens 50 cm
- Wandabstand: 10–15 cm

▼ Oben: Hartgummiblock als Abstandhalter; Mitte: Schraubhaken und Ösen bei leichten Holzspalieren; Unten: Metallspaliere.

▼Pflanzung eines Spaliergehölzes an der Hauswand.

Pflanzloch, gefüllt mit Humus, Kompost

Kies, Bauschutt mit Substrat gefülltes Rohr als Wurzelkanal zum Mutterboden

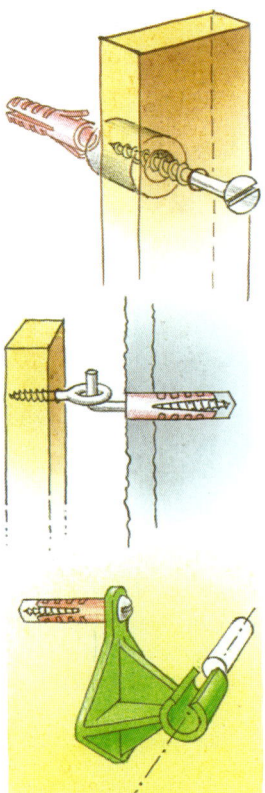

Einjährige Kletterpflanzen

Deutscher/ Latein. Name	Blütenfarbe	Blühzeit	Standort	Klettertechnik	Höhe (m)
Bunte Kronwicke (*Securigera varia*)	rosa, lila, weiß	6-10	sonnig-halbschattig	Winder	1,2
Duftwicke (*Lathyrus odoratus*)	blau, rosa, rot	6-9	warm, sonnig	Blattranker	1-2
Heckenwicke (*Vicia dumetorum*)	purpurrot	6-8	halbschattig	Winder	2
Hopfen (zweijährig) (*Humulus lupulus*)	keine Blüten im 1. Jahr		sonnig-halbschattig	Winder	6
Süßer Tragant (*Astragalus glycyphyllos*)	gelbgrün	6-8	halbschattig	Klimmer	1-2
Zierkürbis (*Cucurbita pepo*)	gelb	7-10	warm, sonnig, geschützt	Blattranker	4-6

Idealdurchmesser der Stäbe von Kletterhilfen

Deutscher/Lateinischer Name	Idealdurchmesser (mm)
Sprossranker (RS)	
Ussuri-Doldenrebe (*Ampelopsis brevipedunculata*)	13
Wilder Wein (*Parthenocissus quinquefolia*)	13
Amur-Rebe (*Vitis amurensis*)	14
Scharlach-Wein (*Vitis coignetiae*)	19
Ufer-Rebe (*Vitis riparia*)	11
Echte Weinrebe* (*Vitis vinifera*)	18
Echte Weinrebe (*Vitis vinifera* 'Blauer Portugieser')	39
Blattstielranker (RBS)	
Alpen-Waldrebe* (*Clematis alpina*)	12
Wohlriechende Waldrebe (*Clematis flammula*)	4
Großblütige Waldrebe (*Clematis macropetala*)	7
Rispenblütige Waldrebe (*Clematis terniflora*)	4
Anemonen-Bergrebe (*Clematis montana*)	11
Orientalische Bergrebe (*Clematis orientalis*)	7
Gold-Waldrebe (*Clematis tangutica*)	4
Gemeine Waldrebe* (*Clematis vitalba*)	5
Italienische Waldrebe (*Clematis viticella*)	5

(*= in Mitteleuropa heimisch)   (Alle Arten ausdauernd)

■ GITTERFÖRMIGE KLETTERHILFEN UND DEREN ANBRINGUNG AN DER FASSADE

◀ Spaliere aus gespannten Drähten sind für einjährige Winder geeignet. Spannschlösser erleichtern das Nachspannen.

◀ Befestigung von Spanndrähten an waagerechten Latten.

Gitter

- Material: Holz, Metall oder Glasfaser verstärkter Kunststoff (GFK)
- Stabdurchmesser: 4-40 mm
- Gitterweite: 15-20 cm
- Wandabstand: 10-15 cm

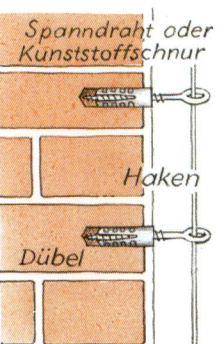

Spanndraht oder Kunststoffschnur

Haken

Dübel

◀ So werden die Klettergerüste für einjährige Winder an einer Ziegelmauer befestigt.

▶ Ecken und Winkel verschönern

An fast allen Gebäuden gibt es Ecken und Winkel, die sich mit Pflanzen kaschieren beziehungsweise verschönern lassen. Meist sind dies Übergänge zwischen Haus und Gelände, die nicht konsequent zu Ende geplant wurden oder deren Ausführung zu wünschen übrig lässt.

Bei der Planung von Änderungen müssen Sie immer alle bautechnischen Bedingungen berücksichtigen. Beim Entwerfen von Pflanzbeeten ist dies besonders die Frage der Entwässerung, damit keine Bauschäden entstehen. Informieren Sie sich also auch hier im Zweifelsfall vorher bei einem Architekten oder anderem Baufachmann, ob sich Ihre Idee verwirklichen lässt

und welche Maßnahmen vorher eventuell noch getroffen werden müssen.

Im Folgenden zeigen wir Ihnen drei häufig vorkommende Beispiele zum Begrünen von unschönen Bauteilen oder Übergängen zwischen Haus und Garten.

■ DEN SAUBERKEITS-STREIFEN AM HAUS GESTALTEN

An Stelle der üblichen Kiesel können Sie hier ein Pflanzbeet für Trockenheit liebende Pflanzen errichten. Diese sehen wesentlich schöner aus und binden das Haus besser in den Garten ein. Sie schaden dem Haus keinesfalls, wenn sie richtig angelegt werden. Selbst regelmäßiges Gießen führt nicht zu Nässeschäden, wenn die Isolierung der Kellerwand und die Dränage fachgerecht ausgeführt wurden. Pflanzen, besonders solche mit einer großen Blattmasse wie Kletterpflanzen, halten die direkte Umgebung des Hauses sogar eher trocken.

Für die Bepflanzung ist zum Einen der Grad der Besonnung, zum Anderen der Regenschat-

▼ **Der trockene Mauerfuß unter dem Dachüberstand kann zum Quartier für Wärme liebende Pflanzen und Tiere werden.**

ten wichtig. Für jede Lage, von der Südausrichtung mit Dachüberstand bis zur Nordlage mit Schlagregen, gibt es die geeigneten Pflanzen, allerdings muss man ihnen mit dem Substrat die richtigen Bodenbedingungen schaffen und eventuell auch durch regelmäßiges Gießen den Regen ersetzen.

Verzichtet man auf eine Stellkante als Abgrenzung zum angrenzenden Boden, kann die Feuchtigkeit auch durch Saug-

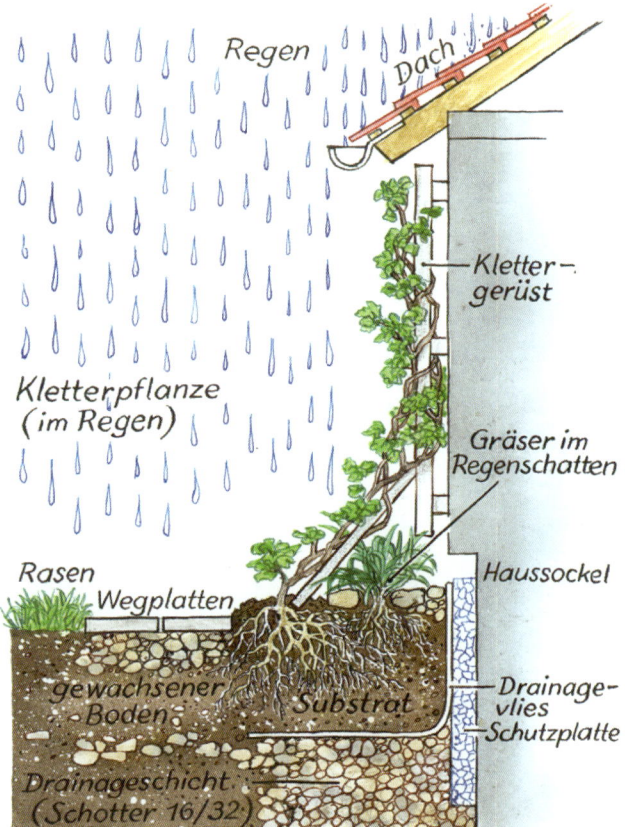

kräfte an die Begrünung am Mauerfuß gelangen, was das notwendige Gießen erheblich reduziert. Man darf allerdings nie auf eine drei bis fünf Zentimeter dicke Mulchdecke verzichten, die den Boden vor dem Austrocknen schützt und verhindert, dass beim Gießen oder bei Regen Substratteilchen an die Hauswand gelangen und der Boden verhärtet bzw. verschlämmt.

▲ Empfohlener Beetaufbau am Mauerfuß der Fassade für Kletterpflanzen und/oder Trockenheit liebende Gräser und Stauden.

Tipp

■ Zum Mulchen eignen sich kleine Steine, Kies oder Splitt, die farblich passend zur Hauswand ausgewählt werden sollten. Sie können das Material im Baustoffhandel kaufen. Für sonnige trockene Beete ist Kalksplitt am Besten geeignet, denn die passenden Pflanzen lieben in der Regel Kalk. Es gibt ihn gesiebt oder ungesiebt in verschiedenen Korngrößen und in den Farben gelblich oder grau. Legt man noch einige größere Steine des selben Materials in Gruppen zwischen die Pflanzen, kann man ein schönes naturnahes Bild schaffen und sogar Eidechsen einen Unterschlupf bieten.

Geeignete Pflanzen für den Mauerfuß

Sonnig bis halbschattig (trocken)
Stauden:

Felsennelke (*Petrorhagia saxifraga*)
Gamander (*Teucrium chamaedrys*)
Gold-Aster (*Aster linosyris*)
Grüne Tripmadam (*Sedum rupestre*)
Kleines Habichtskraut (*Hieracium pilosella*)
Niederliegender Ehrenpreis (*Veronica prostatra*)
Weißer Mauerpfeffer (*Sedum album*)

Gräser:

Niedrige Segge (*Carex humilis*)
Vogelfuß-Segge (*Carex ornithopoda*)

Halbschattig bis schattig (trocken bis mäßig feucht)
Stauden:

Alpenveilchen (*Cyclamen coum*)
Ästige Graslilie (*Anthericum ramosum*)
Frühlings-Schlüsselblume (*Primula veris*)
Gefleckte Taubnessel (*Lamium maculatum*)
Gelber Lerchensporn (*Corydalis lutea*)
Glänzender Frauenmantel (*Alchemilla hoppeana*)
Große Braunelle (*Prunella grandiflora*)
Gundelrebe (*Glechoma hederacea*)
Kleine Wiesenraute (*Thalictrum minus*)
Leberblümchen (*Hepatica nobilis*)
März-Duftveilchen (*Viola odorata*)
Pfirsichblättrige Glockenblume (*Campanula persicifolia*)
Ruprechts-Storchschnabel (*Geranium robertianum*)
Stinkende Nieswurz (*Helleborus foetidus*)
Wald-Vergissmeinnicht (*Myosotis sylvatica*)
Zimbelkraut (*Cymbalaria muralis*)

Gräser und Farne:

Berg-Segge (*Carex montana*)
Gemeiner Tüpfelfarn (*Polypodium vulgare*)
Nickendes Perlgras (*Melica nutans*)
Schnee-Hainsimse (*Luzula nivea*)
Weiße Segge (*Carex alba*)

Tipp

■ Als Pflanzerde eignet sich an sonnigen Standorten Dachsubstrat mit etwa 10% Humusanteil. An schattigen Standorten kann man normale Gartenerde verwenden.

■ EINE ABBÖSCHUNG FÜR EIN KELLERFENSTER ENTWERFEN

Die hohen Grundstückspreise und Baukosten sowie neue Bautechniken haben dazu geführt, dass auch Kellerräume zu Wohnzwecken genutzt werden. Die dazu notwendigen Fenster müssen eine Abböschung erhalten, damit Licht in den Raum gelangen kann. Einfache Lichtschächte sind meist ästhetisch sowohl von innen als auch von außen unbefriedigend.

Sie können jedoch eine Abböschung mit Schwellen oder Trockenmauern herstellen und so bepflanzen, dass sich von innen ein schöner Ausblick und von außen eine Einbindung in Hof oder Garten ergibt. Auch hier sollten Sie die Beete, am besten mit hellem Splitt oder Kies, passend zur Bepflanzung mulchen.

Bei der Planung muss die Pflege mit bedacht werden: Kann man das Fenster von innen öffnen und an die Pflanzen gelangen oder gar hinaussteigen? Kann man dagegen nur von außen an die Pflanzen gelangen, darf die Abtreppung nicht zu steil sein und es muss ein Arbeitsraum im Lichtschacht verbleiben.

Bei der Planung ist auch die Entwässerung der Beete zu bedenken, die vor dem Einschwemmen von Substratbestandteilen geschützt werden muss. Dazu können Sie z. B. ein feines Sieb auf den Gulli legen, das regelmäßig zu reinigen ist. Ein Dränagevlies mit Kiespackung darüber ist eine ästhetisch ansprechendere Lösung. Siedeln sich mit der Zeit Pflan-

zen darauf an, sollten Sie die Durchlässigkeit des Vlieses prüfen und eventuell erneuern.

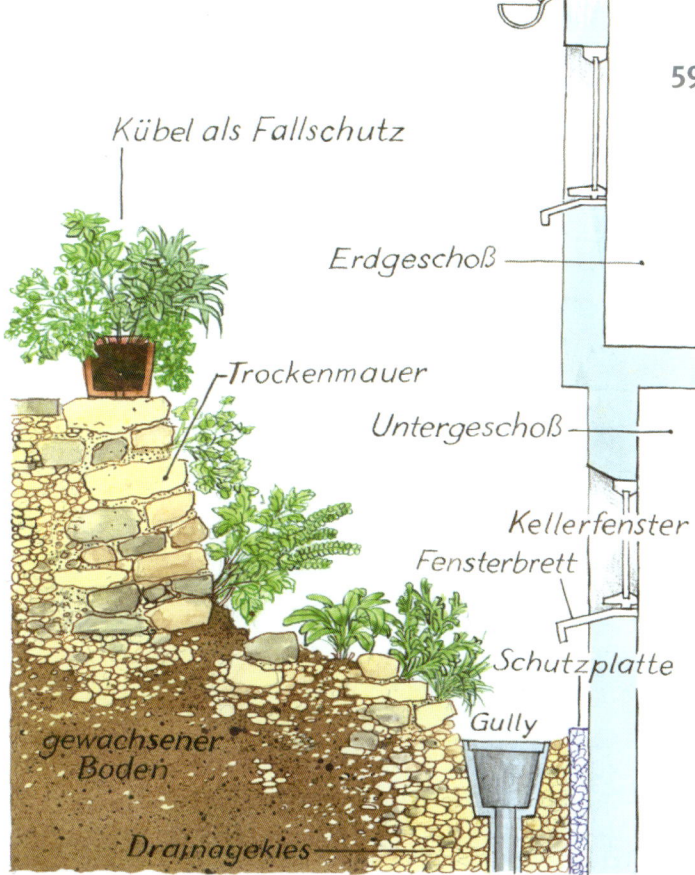

Kübel als Fallschutz
Erdgeschoß
Trockenmauer
Untergeschoß
Kellerfenster
Fensterbrett
Schutzplatte
Gully
gewachsener Boden
Dränagekies

▲ Eine treppenförmige Mauer aus hellem Naturstein wird wie eine Trockenmauer aufgeschichtet und bepflanzt.

◄ Abtreppungen mit Holzschwellen und Kiesbeete mit niedrigen Gräsern, Stauden und Zwerggehölzen lassen Licht in das Kellerfenster, verschaffen einen schönen Ausblick und sind leicht zu pflegen.

Pflanzen für halbschattige Trockenmauern

Mauerfuß (aufrechte Stauden, Gräser und Farne)
Ästige Graslilie (*Anthericum ramosum*)
Frühlings-Hainsimse (*Luzula pilosa*)
Frühlings-Platterbse (*Lathyrus vernus*)
Gemeiner Wurmfarn (*Dryopteris filis-mas*)
Stinkende Nieswurz (*Helleborus foetidus*)
Wald-Habichtskraut (*Hieracium sylvaticum*)
Wald-Labkraut (*Galium sylvaticum*)
Wald-Sauerklee (*Oxalis acetosella*)

Mauerfugen (Polsterstauden und Farne)
Brauner Streifenfarn (*Asplenium trichomanes*)
Gelber Lerchensporn (*Corydalis lutea*)
Gemeiner Tüpfelfarn (*Polypodium vulgare*)
Zimbelkraut (*Cymbalaria muralis*)

Mauerkrone (überhängende Zwerggehölze und Stauden)
Goldnessel (*Lamium galeobdolon*)
Große Sternmiere (*Stellaria holostea*)
Kissen-Eibe (*Taxus baccata* 'Repemdens')
Wald-Ehrenpreis (*Veronica officinalis*)
Weißes Fingerkraut (*Potentilla alba*)
Zypressen-Wolfsmilch (*Euphorbia cyparissias*)

■ EIN REGENFALLROHR BEGRÜNT

Regenfallrohre am Haus können sehr hässlich aussehen, sind aber eine technische Notwendigkeit. Die Begrünung mit Kletterpflanzen wird oft erwogen und ausgeführt, jedoch ohne die Sachkenntnis über den geeigneten Standort für ein Beet, die passenden Pflanzen und die Folgen für das Fallrohr.

Meist werden schwachwüchsige Winder gepflanzt, die das Rohr wegen seiner Dicke nicht umschlingen können oder nur unzureichend verdecken. Das Pflanzbeet befindet sich oft viel zu nah am Haus, so dass die Kletterpflanzen mangels Nährstoffe und Wasser kümmern. Zum Teil werden aber auch

Ausdauernde Kletterpflanzen für Pfosten und Rohre

Deutscher Name (Latein. Name)	Standort	Blühfarbe	Blühzeit	Kletterhilfe	Höhe (m)
Italienische Waldrebe (*Clematis viticella*)	sonnig-halbschattig	rotviolett	8-10	Gitter	2-3
Großblumige Waldreben (*Clematis-Hybriden*)	sonnig-halbschattig	div. Farben	6-10	Gitter	2-5
Stauden-Wicke (*Lathyrus latifolius*)	sonnig-halbschattig	rosa	6-8	Gitter	2
Immergrünes Geißblatt (*Lonicera henryi*)	sonnig-schattig	gelbrot	6-9	Drähte oder Gitter	5-8
Wald-Geißblatt (*Lonicera periclymenum*)	sonnig-schattig	gelbweiß	5-6	Drähte oder Gitter	3-4
Scharlach-Wein (*Vitis coignetiae*)	sonnig-schattig	rotes Blatt		Gitter	8-12

starkwüchsige Schlinger mit ausreichender Versorgung gepflanzt, wie z. B. der Schling-Knöterich, die nach einigen Jahren entfernt werden müssen, da ihre verholzenden Triebe das Fallrohr zusammen drücken.

Die beste Lösung zur Begrünung von Fallrohren ist eine Kletterhilfe, die verhindert, dass das Rohr direkt umklammert wird und schwachwüchsigen dauerhaften oder einjährigen Klimmern und Schlingern genügend Halt gibt. Dies können vor dem Rohr senkrecht gespannte Drähte, gebogene Estrich- oder Baustahlmatten oder speziell angefertigte Metallgerüste sein. Entscheiden Sie sich erst für die Pflanzenart und überlegen Sie dann, welche Kletterhilfe in Frage kommt. Da Fallrohre verstopfen können, ist es sinnvoll, die Kletterhilfe zusammen mit den Pflanzen abnehmbar zu konstruieren oder einen Revisionsteil in das Fallrohr einzubauen.

Das Pflanzbeet sollte sich außerhalb des Dachüberstandes befinden und mindestens 50 cm Durchmesser haben. Bevor Sie ein etwa 50 cm tiefes Pflanzloch ausheben, müssen Sie alle unterirdischen Installationen bedenken. Besser als ein bodenbündiges Beet eignet sich hier ein

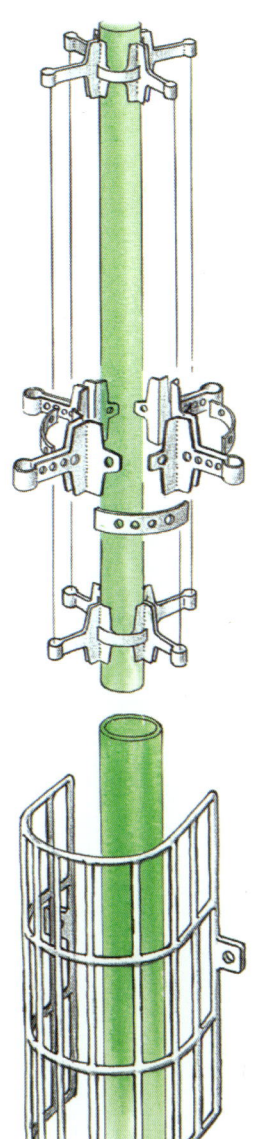

▲ Zwei Möglichkeiten von Kletterhilfen für Regenfallrohre oder dicke Stützen.

▲ Zum Erklimmen dieser dicken Sandsteinsäule benötigt die Clematis eine Kletterhilfe.

erhöhtes Pflanzbeet, das den Fuß der Pflanzen schützt.

Einjährige Kletterpflanzen wachsen schnell, benötigen eine gute Wasser- und Nährstoffversorgung und einen sonnigen Platz (siehe Seite 54).

Tipp

■ Für einjährige beziehungsweise schwachwüchsige mehrjährige Winder kann man auch zwei Katzenabwehrgürtel (wie sie für Bäume verwendet werden, um Brutplätze von Vögeln zu sichern) oben und unten am Fallrohr befestigen und zwischen ihren Spitzen Drähte, Seile oder Ketten senkrecht spannen.

Kapitel 4

Arbeitsaufwand und Kosten abschätzen

▶ Den Arbeitsablauf organisieren

▶ Den Materialbedarf berechnen

▶ Die Kosten kalkulieren

▶ *Den Arbeitsablauf organisieren*

Nachdem Sie sich für einen Entwurf entschieden haben, fragen Sie sich nun sicherlich, welche Arbeiten und Kosten bei der praktischen Umsetzung auf Sie zu kommen.

Tipp

■ Falls Sie selbst, Verwandte oder Freunde mit anpacken möchten, kann es sinnvoll sein, für die Zeit des Bauens eine Versicherung abzuschließen. Dann sind alle Helfer, Familienmitglieder, aber auch Gäste, die sich evt. auf der Baustelle verletzen, versichert.

Sowohl Hof- als auch Fassadenbegrünungen erfordern Arbeitseinsatz, Material und das nötige Geld für die Maßnahme. Ganz gleich ob Sie diese ganz oder teilweise selbst ausführen möchten oder einem Fachbetrieb überlassen, in jedem Fall kommt die Planung der Arbeitsschritte und die Abschätzung der Kosten auf Sie zu. Die folgenden Kapitel zeigen Ihnen an einem bereits bekannten Beispiel aus Kapitel 1, wie Sie den Arbeitsaufwand für Ihren eigenen Begrünungsentwurf abschätzen, den Materialbedarf berechnen und die Kosten überschlagen können.

Voraussetzung für einen Überblick über Arbeitsaufwand, Materialbedarf und Kosten ist es, eine Positionsliste zu erstellen. Dazu nehmen Sie sich wieder Ihren Plan zur Hand und nummerieren sich die einzelnen Bauabschnitte. Eine Tabelle, die Sie parallel dazu erstellen, listet die einzelnen Arbeitsschritte für jede Position auf.

Die Reihenfolge der anstehenden Arbeiten wird von verschiedenen Faktoren bestimmt und kann, je nach örtlichen Gegebenheiten, variieren. In der Regel werden zuerst alle Abbrucharbeiten erledigt, danach die Erd- bzw. Nivellierungsarbeiten, dann folgen Betonier-, Pflaster- und Maurerarbeiten. Anschließend werden Holzbauteile und die Kletterhilfen installiert. Die Beete werden erst zuletzt befüllt und bepflanzt.

Da man für alle Arbeiten Lagerplatz für die Baustoffe benötigt, kann es bei kleinen Höfen sinnvoll sein, das benötigte Material erst anliefern zu lassen,

Jahreszeitabhängige Arbeiten

■ Betonieren, Mauern, Verputzen – frostfreie Zeit
■ Erdarbeiten, Pflastern – trockene frostfreie Zeit
■ Streichen, Lasieren – Außentemperatur mindestens 12 °C, ohne Regen
■ Pflanzen von Gehölzen ohne Ballen – Februar bis April, besser Oktober bis Dezember
■ Pflanzen von Gehölzen mit Ballen bzw. Kletterpflanzen und Stauden im Topf – immer möglich, außer im Hochsommer oder wenn Gießen im Sommer nicht gewährleistet ist, besser sind Frühjahr oder Herbst
■ Einsäen von Rasen oder Wiese – März bis Mai oder September bis Oktober

wenn die vorausgegangenen Arbeiten abgeschlossen sind. Außerdem sollten Sie auch berücksichtigen, dass viele Arbeiten im Außenbereich nur bei bestimmten Witterungsbedingungen durchgeführt werden können, also etwa in der frostfreien Zeit oder nur bei bestimmten Außentemperaturen.

An einem Ihnen bereits bekannten Beispiel aus Kapitel 1 und 2 (Hof- und Fassadenbegrünung in einem vierseitig begrenzten Innenhof), werden nun alle Arbeitsschritte in sinnvoller Reihenfolge aufgezählt und erläutert.

Pflegearbeiten im Jahresverlauf

- Fällen und Schneiden von Gehölzen, Rückschnitt von Kletterpflanzen – in der Regel nach dem Laubfall bis zum Neuaustrieb der Blätter
- Düngung der Beete mit Kompost – den reifen Kompost im Herbst auf das Beet geben, dann eine zusätzliche Mulchdecke aufbringen oder im Frühjahr ins Beet einarbeiten
- Bepflanzen von Kübeln mit Saisonpflanzen – nach den Eisheiligen im Mai, in geschützten Innenhöfen auch früher möglich
- Hereinholen von Kübeln – vor der ersten Frostnacht an einen frostgeschützten hellen Platz, keinesfalls ins Warme
- Gießen von Kübeln im Winter – an sonnigen Frosttagen oder wenn der Erdballen sehr trocken erscheint
- Abdeckung von Beeten als Frostschutz – nur bei anhaltendem Frost. Wenn es wieder wärmer und feuchter wird, unbedingt die Abdeckung entfernen wegen Verpilzungsgefahr

▼ Bis es so schön bei Ihnen aussieht, liegen noch einige Planungs- und viele Arbeitsschritte vor Ihnen.

Tipp

- Kleinere Gartenbaubetriebe sehen es durchaus gerne, wenn der Bauherr bei den anstehenden Arbeiten mit anpackt. Besprechen Sie aber vorher genau, welche Arbeiten Sie übernehmen wollen und ob Ihre Eigenleistungen Haftung und Gewährleistung des Betriebes beeinflussen.

▶ Den Materialbedarf berechnen

Nachdem Sie Ihren Plan in einzelne Positionen gegliedert haben, können Sie den Materialbedarf auflisten. Dazu benötigen Sie für einzelne Bauteile Detailpläne mit Maßen, um alle Materialmengen genau berechnen zu können.

Zunächst müssen Sie alle benötigten Baustoffmengen ermitteln. Sie können diese zunächst mittels Ihres Plans abschätzen, die genauen Mengen lassen sich aber nur vor Ort berechnen, in dem Sie nochmals nachmessen. Materialpreise und Arbeitsleistungen beziehen sich immer auf die Größenordnungen m², m³ oder laufende Meter (lfm.).

▼ Alle Flächen und Volumina müssen ausgemessen werden, um die richtigen Mengen an Baumaterialien, Erde und Pflanzen berechnen zu können.

Möchten Sie die Baustoffe selbst bestellen und einbauen, sollten Sie Toleranzen hinzu addieren. So kann man z. B. große Platten teilen oder sie an den Rändern durch passendes kleinformatiges Pflaster ergänzen. Natürlich kann auch die zu pflasternde Fläche auf die lieferbaren Größen der Platten abgestimmt werden und an den Rändern können Beetstreifen bestehen bleiben. Bei der Verwendung von Holz ist es in der Regel kostengünstiger, die Planung auf lieferbare Längen, Breiten und Höhen abzustim-

men als Sonderanfertigungen zu ordern.

Bei der Verwendung unterschiedlicher Baustoffe müssen meist alle Größen aufeinander abgestimmt werden, damit keine unbeabsichtigten Höhendifferenzen entstehen. Falls Sie sich also spontan bei einem Material umentscheiden, müssen Sie immer auch die Anschlüsse bedenken.

◼ MATERIALIEN AUSSUCHEN

Die Besichtigung von Ausstellungsflächen bei Baustoffhändlern führt meist zu neuen Inspirationen, so dass oft neue Mengen- und Kostenberechnungen, neuerliche Entscheidungen sowie Umplanungen und weiteres anstehen. Dies mag zwar Zeit raubend erscheinen, aber die Hofgestaltung soll Ihnen ja später auch gefallen. Nehmen Sie sich immer einen neuen Katalog und, falls möglich, ein Muster der in Frage kommenden Steine, Holzdielen oder Anderem mit. Gerade bei schattigen Höfen erscheinen die Farbtöne wesentlich dunkler als auf einer besonnten Ausstellungsfläche.

Fragen Sie aber auch nach Mindest-Bestellmengen, Liefer-

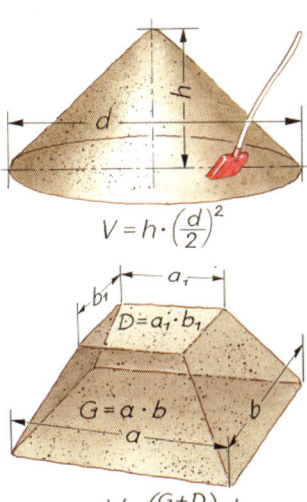

$$V = h \cdot \left(\frac{d}{2}\right)^2$$

$$V = \left(\frac{G+D}{2}\right) \cdot h$$

▲ **Liegt bei Ihnen noch ein Haufen abgelagerte Erde bereit, können Sie dessen Volumen nach folgender Näherungsformel berechnen:**
Für einen kegelförmigen Erdhaufen
V = h x (d/2)²
(V = Volumen,
h= Höhe des Erdhaufens, d = Durchmesser des Erdhaufens)
Für einen Pyramidenstumpf
V = (G + D) Halbe x h
(G = Grundfläche,
D = Deckfläche des Pyramidenstumpfes
h=Höhe)

zeiten, Lieferkosten und Gewährleistungen. Besprechen Sie mit dem Baustoffhändler außerdem, welche weiteren Materialien und ob spezielle Werkzeuge zum Verarbeiten nötig sind. Nehmen Sie auf alle Fälle Ihren Plan und die Detailpläne mit und notieren Sie sich alle Randbedingungen zu den in Frage kommenden Baustoffen.

Wenn Sie den Auftrag an einen Gartenbauer vergeben möchten, wird dieser nochmals Maß nehmen und selbst die Mengen berechnen. Die von ihm ermittelten Einzelpreise sind für ihn verbindlich. Sind in seinem Kostenvoranschlag auch selbst ermittelte Mengen berechnet, muss er sich auch an den Gesamtpreis halten. Lediglich unvorhergesehene Arbeiten oder solche, die „nach Aufwand" angegeben sind, können den Gesamtpreis erhöhen.

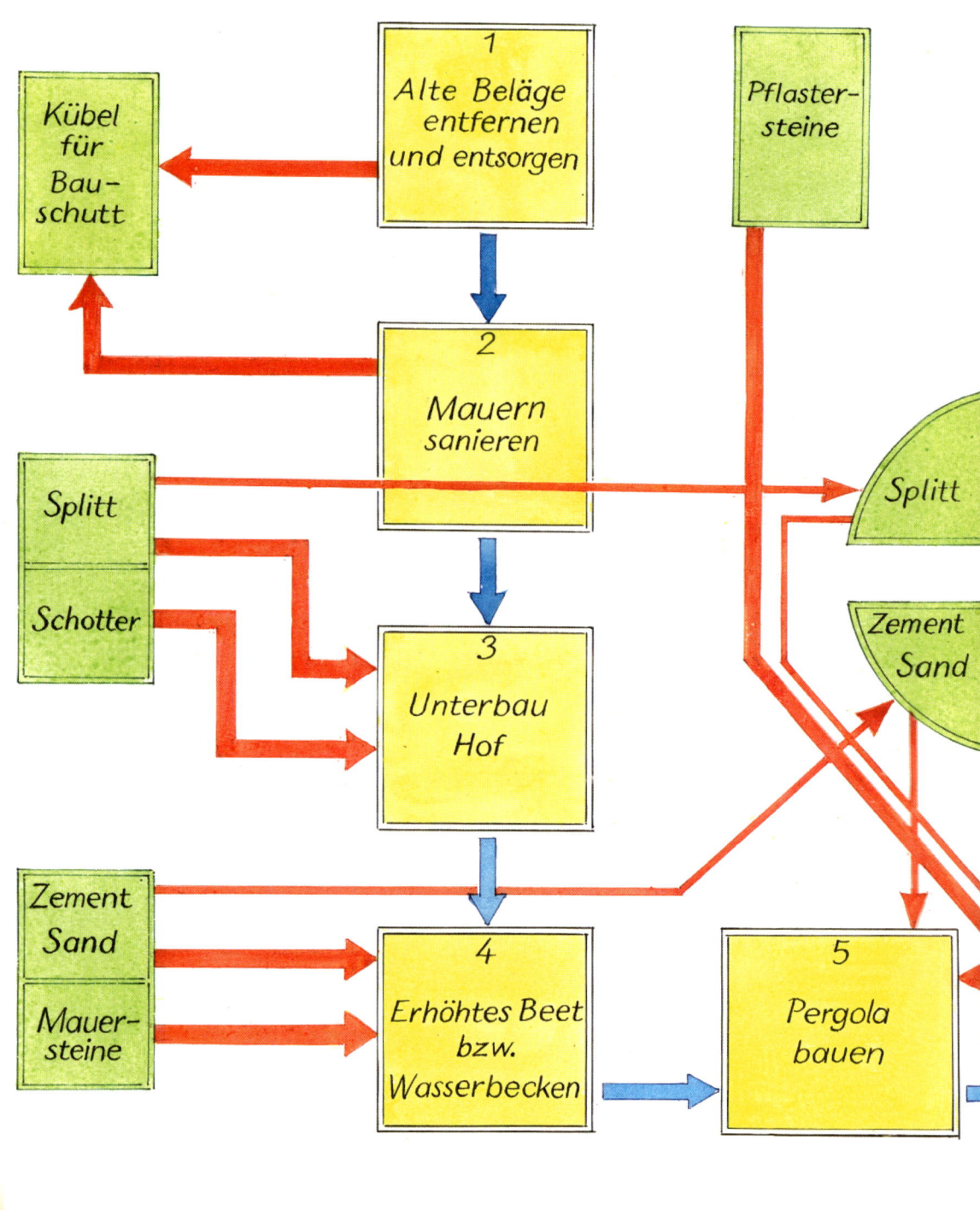

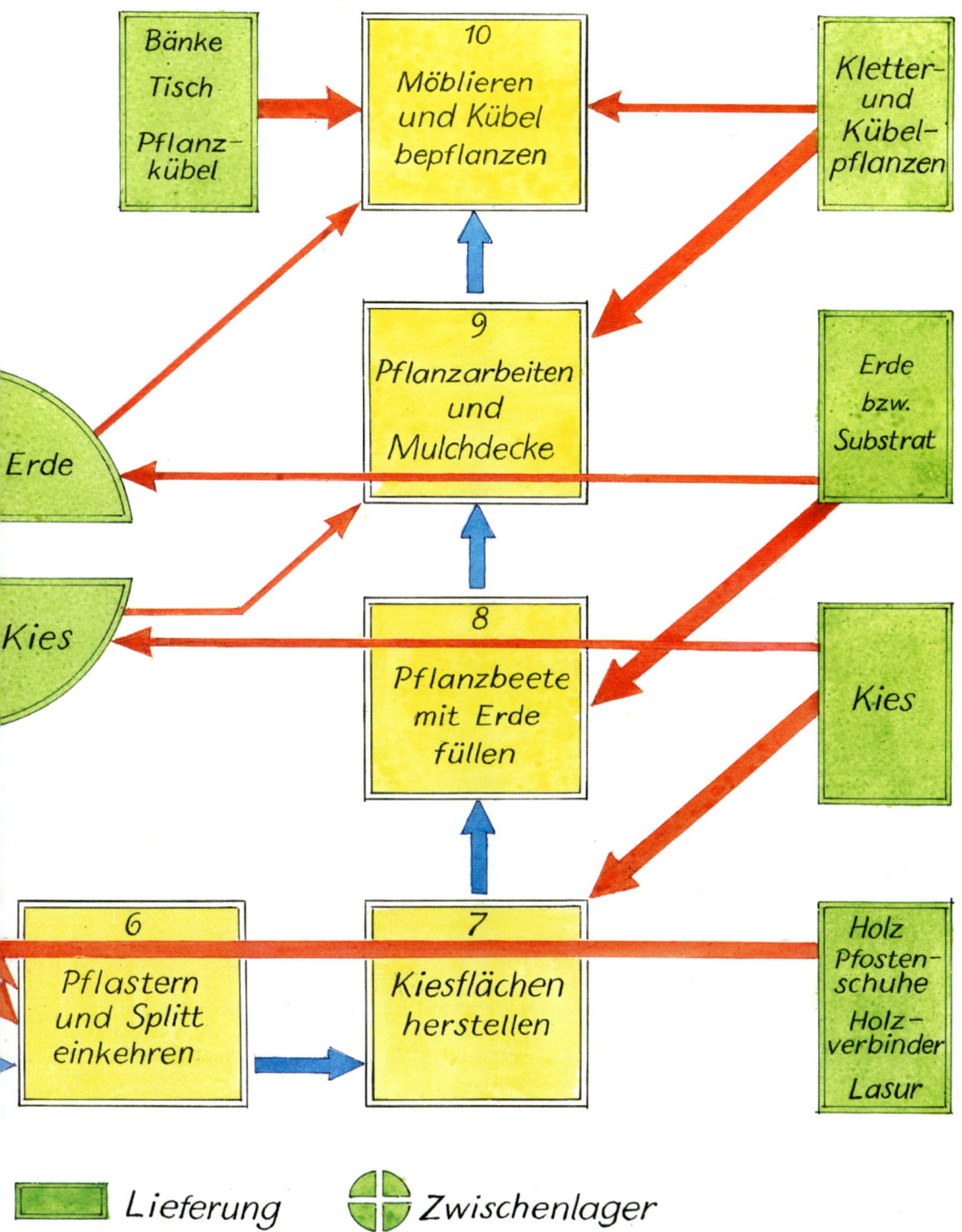

Bänke
Tisch

Pflanz-
kübel

10
Möblieren
und Kübel
bepflanzen

Kletter-
und
Kübel-
pflanzen

9
Pflanzarbeiten
und
Mulchdecke

Erde
bzw.
Substrat

Erde

Kies

8
Pflanzbeete
mit Erde
füllen

Kies

6
Pflastern
und Splitt
einkehren

7
Kiesflächen
herstellen

Holz
Pfosten-
schuhe

Holz-
verbinder

Lasur

Lieferung   Zwischenlager

Materialmengen und Arbeiten am Beispiel A auf Seite 24

1 Alte Beläge entfernen und entsorgen
- 76 m² Asphalt lockern
- Kübel liefern lassen
- 6 m³ Asphalt abfahren und entsorgen

2 Mauern sanieren
- 48 m² alten Putz abschlagen
- 2 m³ Putzreste abfahren und entsorgen
- 48 m² Ziegelmauer reinigen
- unbekannte Strecke Fugen ausbessern

3 Hofunterbau
- Falls noch brauchbar, 76 m² Schotterbett ebnen und abrütteln
- 3 m³ Splitt liefern und verteilen, ansonsten
- alten Unterbau entfernen und entsorgen
- 16 m³ Schotter liefern, verteilen und abrütteln

4 Erhöhtes Beet bzw. Wasserbecken
- 9 m² Bodenplatte gießen
- Beet mit Ziegeln als 12 m² Sichtmauerwerk aufmauern
- 12 lfdm. Randabdeckung befestigen
- Fugen wasserfest abdichten oder Becken mit Folie auskleiden

5 Pergola bauen
- 11 Pfostenfundamente ausheben und ausgießen
- 11 Pfostenschuhe montieren
- Pergolaholz liefern, zuschneiden, lasieren und aufbauen
- Endlasur nach Montage machen

6 Pflastern
- 30 m² Pflastern mit Granitsteinen 8 x 10 cm im einfachen Verbund in Splitt
- davon 60 lfdm. mit Betonkeil versehen
- Splitt einkehren

7 Kiesbeete schaffen
- 8 m³ Kies liefern
- 43 m² Kiesfläche auffüllen und abrütteln

8 Pflanzbeete mit Erde füllen
- 3 m³ Pflanzerde liefern
- ca. 15 m² Pflanzbeete tiefgründig lockern und befüllen

9 Pflanzarbeiten und Mulchdecke
- 30 Kletterpflanzen liefern, pflanzen, festbinden und angießen
- Mulchdecke (Kies) ausbringen

10 Gartenmöbel
- 2 Parkbänke, 1 Tisch sowie 2 große Kübel liefern und aufstellen
- Kübel mit Erde befüllen, bepflanzen

■ WIE VIEL ERDE WIRD GEBRAUCHT?

So berechnen Sie die Erdmengen für Ihre Kübel näherungsweise:

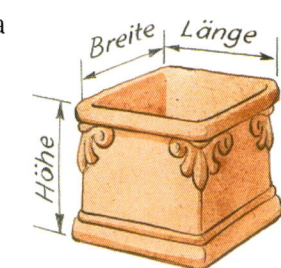

a) Für einen quaderförmigen Kübel multipliziert man alle drei Seitenlängen in dm (= 10 cm) miteinander und erhält so die benötigte Substratmenge in Litern (10 Kubikdezimeter = 1 Liter)
V = Höhe mal Breite mal Länge

b) Für einen zylinderförmigen Kübel können Sie folgende Faustformel verwenden: Höhe mal halber Durchmesser mal halber Durchmesser mal drei (alles in dm), ergibt die benötigte Substratmenge in Litern
$V = h \times 3 \times (D/2)^2$

c) Für einen runden Kübel, der sich nach oben verbreitert (Kegelstumpf) gilt näherungsweise:
$V = H \times (D^2 + d^2 + D \times d) / 4$

(D = oberer, größerer Durchmesser, d = unterer, kleinerer Durchmesser, h = Höhe des Topfes, V = Volumen der Substratmenge in Litern)

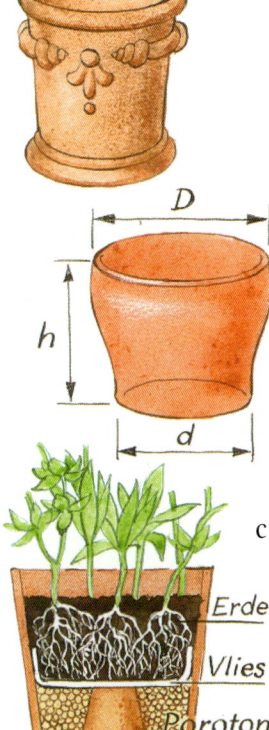

▲ Wer Pflanzenerde auf diese Weise einspart, spart auch Gewicht. Allerdings muss häufiger gegossen werden.

Bei Pflanzen, die wenig Substrat benötigen, aber dennoch in große Kübel gepflanzt werden sollen, lässt sich Substrat und Gewicht einsparen, wenn ein anderer Kübel, ein Eimer oder ein großer Blumentopf verkehrt herum hinein gestellt wird und die verbliebenen Hohlräume mit Porotonkügelchen aufgefüllt werden. Wird nun ein Vlies (Dränagevlies, Sackleinen oder Ähnliches) darüber gelegt, bevor man den Kübel mit Pflanzerde füllt, bleiben alle Komponenten sauber getrennt und lassen sich wieder verwenden bzw. getrennt entsorgen. Noch einfacher ist es, die Pflanze vorerst in ihrem Kunststofftopf zu belassen, bis sie die passende Größe erreicht hat.

Tipp

■ Die Materialliste auf der gegenüberliegenden Seite dient Ihnen auch als Einkaufshilfe, besonders wenn Sie noch einige Spalten für Preise, Materialquellen und Bemerkungen hinzufügen. Nehmen Sie für Ihre Erkundigungen aber auch die Pläne mit, damit sich der Baustoffhändler ein Bild von Ihrer Baustelle machen kann.

▶ # Die Kosten kalkulieren

Für einen genauen Kostenüberblick können Sie sich ein oder besser mehrere Angebote von Garten- und Landschaftsbaubetrieben machen lassen.

> ### Tipp
>
> - Arbeiten verschiedene Firmen an einer Baustelle, muss genau geklärt werden, wer welche Arbeiten macht, wo die Gewerke getrennt werden und wie sich die nachfolgenden Handwerker vorbereitende Ausführungen vorstellen.

Selbst wenn Sie alle anfallenden Arbeiten allein ausführen möchten, zeigt Ihnen ein Kostenvoranschlag nicht nur, was Ihre Eigenleistungen wert sind, sondern auch, ob Sie möglicherweise wichtige Arbeitsschritte vergessen haben.

Umgekehrt hilft Ihnen der eigene Positionsplan aber auch beim Gespräch mit den Profis, falls Sie die Arbeiten von Fachbetrieben ausführen lassen möchten. Dieser Plan ist auch die wichtigste Grundlage für die Einkaufsliste, denn spätestens jetzt muss Ihnen klar werden, für welche Materialien Sie sich entscheiden. Unterschiedliche Baustoffe bedingen aber nicht nur abweichende Kosten, sondern können auch durch unterschiedliche Verarbeitung die Vorgehensweise und damit die Reihenfolge der Arbeitsschritte beeinflussen.

Alle hier gemachten Angaben können nur grobe Richtwerte darstellen, denn die Gesamtkosten hängen zum Einen davon ab, für welche Materialien Sie sich entscheiden, zum Anderen, wie viel Eigenleistung Sie selbst erbringen und nicht zuletzt von den örtlichen Gegebenheiten. Die Erreichbarkeit der Baustelle, die Möglichkeit des Maschineneinsatzes, regional unterschiedliche Preise der Garten- und Landschaftsbaubetriebe, aber auch Folgekosten durch die Pflege führen im Einzelfall zu durchaus abweichenden Endkosten.

Im Fall unseres Beispiels kämen etwa folgende Kosten auf Sie zu, wenn Sie alle anfallenden Arbeiten von einer oder mehreren Fremdfirmen ausführen lassen:

> ### Berechnungsgrundlagen: Materialien
>
> - **Pflaster** wird in Quadratmetern berechnet.
> - **Palisaden** und Kantensteine werden in laufenden Metern (Abk. ldfm.) angegeben.
> - **Natursteine** für den Mauerbau berechnet man nach Quadratmetern Ansichtfläche der Mauer. Geliefert und berechnet werden sie aber in Tonnen, so dass man die Ansichtsfläche noch mit der Dicke (Tiefe) der Mauer multiplizieren muss, um die benötigten Steine in Kubikmetern zu berechnen. Der Umrechnungsfaktor liegt aber meist nahe 2 (d.h. 1 Kubikmeter wiegt etwa 2 Tonnen).
> - **Schüttgüter** wie Erde, Kompost, Schotter, Kies, Splitt und Sand werden in Tonnen berechnet und geliefert.

UNSER BEISPIEL ALS KOSTENVORANSCHLAG

Angebot: Umgestaltung Innenhof   Einzelpreis (€)/Gesamtpreis (€)

Alte Beläge entfernen und entsorgen (Landschaftsgärtner)
76 m^2 Asphaltdecke (ca. 8 cm stark) aufbrechen
Material laden und entsorgen   9.-/684.--

Mauern sanieren
48 m^2 alten Putz abschlagen inklusive
3 m^3 Putzreste abfahren und entsorgen
48 m^2 Ziegelmauer reinigen
Fugen ausbessern (Aufwand nach Stunden)   (Preis nicht kalkulierbar)

Altes Schotterbett ausbessern
76 m^2 Schotterbelag planieren und verdichten   0,90/68,40
(Landschaftsgärtner)

Neuer Unterbau
16 m^3 Mineralschotter (0/32) liefern   33.-/528.--
höhengerecht einbauen und verdichten
(Landschaftsgärtner)

Erhöhtes Beet bzw. Wasserbecken
9 m^2 Bodenplatte gießen (Stärke 10 cm, Beton B 25),
inkl. Schalung, Bewehrung und allen Nebenarbeiten, pauschal   400.--
Beet als 12 m^2 Sichtmauerwerk aufmauern
12 lfm Randabdeckung befestigen
Fugen wasserfest abdichten oder Beet mit Folie auskleiden   1.200.--
(Maurerbetrieb)

Pergola

11 Pfostenfundamente (30 x 30 cm, B 25)	90.-/990.--
für Pergola anfertigen	
inkl. Aushub und Schalung	
11 Pfostenschuhe liefern und montieren	25.-/275.--
Pergolaholz Lärche liefern, zuschneiden, vorlasieren und aufbauen	
Endlasur mit Öllasur nach Montage machen (Zimmereibetrieb)	3.000.--

Pflastern

30 m^2 Natursteinpflaster (Granit 8/10) liefern,	95.-/2850.--
in Splitt verlegen, einsanden und abrütteln	
60 lfdm. mit Betonrückenstütze entlang der Pflasterfläche	
versehen, Splitt einkehren (Landschaftsgärtner)	3.-/180.--

Kiesflächen

8 m^3 Kies liefern, höhengerecht einbauen und verdichten	45.-/360.--

Pflanzbeete

3 m^3 Pflanzerde liefern, höhengerecht einbauen	45.-/135.--

Pflanzarbeiten und Mulchdecke

30 Stk. Kletterpflanzen (100–150 cm, Topfballen) liefern,	27.-/810.--
fachgerecht verpflanzen, Pflanzfläche mit Kies abdecken	
Mulchdecke (Kies) ausbringen und glatt rechen	

Bänke, Arbeitstisch und Kübel

Zwei Parkbänke und ein Tisch sowie	
zwei Kübel liefern und aufstellen	(siehe Katalogpreise)

Kübel mit Dachsubstrat füllen

Zwei Stk. Buchsbäume (Kugel, 45-50 cm, Topfballen) liefern	115.-/230.--
und fachgerecht verpflanzen (Landschaftsgärtner)	

Diverse Material und Arbeitskosten

Belagsart	Preis in €/m²	vorher Erdarbeiten nötig	Randstütze nötig
Schotterrasen	2,5	ja	nein
Wassergebundener Kies- oder Splittbelag	3	ja	nein
Rasen	4	nein	nein
Magerrasen oder Blumenrasen	5	nein	nein
Beton-Großpflaster 16/16 cm mit Rasenfugen	17	ja	nein
Beton-Kleinpflaster 10/10 cm mit bearbeitet. Oberfläche	20	ja	evt.
Klinker-Pflaster 20/10 cm	22,5	ja	evt.
Holz-Pflaster rund oder eckig	30	ja	evt.
Naturstein-Kleinpflaster 8/10 cm mit engen Fugen	37	ja	evt.
Naturstein-Großpflaster 12/12 cm mit Rasenfugen	45	ja	nein
Holz-Fliesen 50/50 cm	45	ja	nein
Holzdecks aus langen Dielen mit Unterkonstruktion	70	ja	nein

(Belagspreise pro m² in €, inkl. Einbau, aber ohne Erdvorarbeiten, Tragschichten und Randstützen)

Anhand dieses fiktiven Kostenvoranschlags sollten Sie nun überlegen, welche Arbeiten Sie selbst ausführen möchten und ob sich eventuell durch eine andere Materialwahl Kosten einsparen lassen.

Aber auch wenn Sie alle Arbeiten an Handwerker vergeben möchten, kommt Ihnen eine wichtige organisatorische Funktion zu.

Tipp

■ Für verschiedene Baustoffe wie Schotter, Splitt und Sand kann der Kostenanteil durch die Lieferung höher sein, als der Materialwert (bei kleinen Mengen und großen Entfernungen).

Zirka-Preise für die Herstellung von Randstützen

Randstützen	Preis
Randstütze als Mörtelkeil bei Pflasterflächen	10 €/lfm.
Randstütze aus Naturstein-Kleinpflaster 8/10 cm mit Betonfundament	20 €/lfm.
Randstütze aus Beton-Kleinpflaster 10/10 cm mit Betonfundament	20 €/lfm.

■ PFLANZENKAUF UND QUALITÄT

Für Hof- und Fassadenbegrünungen stehen uns eine Vielzahl geeigneter Pflanzenarten und -sorten zur Verfügung. Neben den robusten heimischen Arten kommen wegen des besonderen Mikroklimas auch viele Arten aus südlichen Ländern Europas in Frage. Pflanzenbücher und -kataloge geben Aufschluss über den geeigneten Standort für die Pflanze, ihre Bodenansprüche, die endgültige Größe und das Wuchsverhalten, Blühzeitpunkt, Blütenfarbe und Vieles mehr. Achten Sie bei der Auswahl darauf, dass es sich nicht um sterile Züchtungen mit gefüllten Blüten handelt, die zwar oft länger und reichlicher blühen, der heimischen Tierwelt aber keinerlei Nahrung bieten.

Beim Kauf in der Gärtnerei sollten Sie sich nicht zu besonders großen oder schön blühenden Exemplaren verleiten lassen, ohne die Qualität des Wurzelballens überprüft zu haben. Nur ein gut durchwurzelter Ballen mit kräftigen Wurzeln garantiert ein problemloses Anwachsen im neuen Beet. Auch Pflanzen, die in Torfsubstrat oder mit Beimischung von Styroporkügelchen gezogen

Pflanzenqualität und Kosten

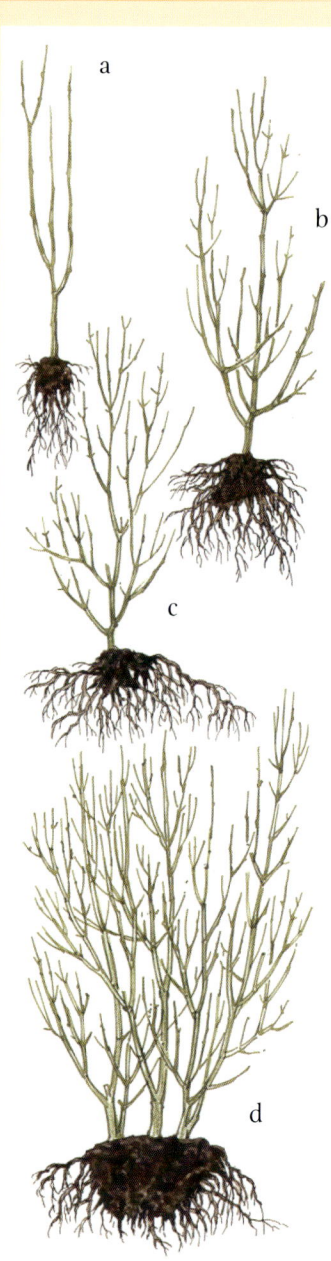

Die Kosten für Pflanzen richten sich zum Einen nach den Kosten für die Samen bzw. Stecklinge, dem Anzuchterfolg und der Anzuchtzeit, zum Anderen nach der Dauer des Verbleibs beim Produzenten und der Topfgröße bzw. Qualität.

Stauden, Gräser und Farne
■ Topfgröße:
   8 – 9 cm
   1,80 – 3,50 Euro
■ Anzuchtzeit:
   6 – 36 Monate

Zwerggehölze und Kletterpflanzen
■ Topfgröße:
   1,5 – 3 Liter
   6 – 15 Euro
■ Anzuchtzeit:
   24 – 48 Monate

■ Alle Sträucher werden in den Baumschulen in verschiedenen Qualitäten angeboten, das Preisverhältnis der hier abgebildeten Sträucher liegt bei etwa 1 : 4 : 12 : 40

a Zweijährige Jungpflanzen zur weiteren Aufzucht
b Forstware (leichter Busch) für Hecken
c Forstware (starker Busch) für Hecken
d Fertigware als frei stehender Solitärstrauch

wurden, sollten Sie aus Umwelt-schutzgründen meiden.

Inzwischen gibt es auch viele ökologisch wirtschaftende Betriebe, die kontrolliert werden und ein anerkanntes Gütesiegel tragen, wie z. B. Bioland und Demeter. Sie können die Pflanzen aber auch im Versandhandel bestellen, der meist eine wesentlich größere Auswahl an Arten und Varianten bietet. Fachgerecht verpackt leiden sie beim Versenden nicht.

◼ FÖRDERMITTEL

Wenn Sie einen alten Asphaltbelag entfernen und ihren Hof statt dessen mit Natursteinen, Dränpflaster oder als offenporige Fläche, z. B. Schotterrasen, gestalten, ist diese Maßnahme eine Entsiegelung und kann unter Umständen bezuschusst werden. Auch die Begrünung von Höfen und Hausfassaden mit Kletterpflanzen kann möglicherweise gefördert werden.

Das Entfernen alten Putzes an unter Denkmalschutz stehenden Häusern oder Hofmauern, das Pflastern mit historischen Belägen und auch die Begrünungen mit Kletterpflanzen können je nach individueller Beschaffenheit als förderungswürdige Maßnahmen anerkannt werden.

Auskunft geben Wirtschaftsministerien, Förderfibeln und Förderlotsen, Architekten und Landschaftsarchitekten.

◼ PFLEGEKOSTEN

Wer sich die Pflege von Hof- und Fassadengrün nicht selbst zutraut, sollte einen Gärtner damit beauftragen, der sich im Herbst um anfallende Schnittmaßnahmen kümmert, Regenrinnen kontrolliert und Kübelpflanzen zum Überwintern mitnimmt. Im Frühjahr kann er Mauern und Fassaden inspizieren, Triebe von Kletterpflanzen festbinden und Stauden zurückschneiden.

Tipp

◼ Es gibt Gärtnereibetriebe, die Kübelpflanzen im Herbst abholen und in einem Gewächshaus etwa 6 Monate überwintern. Der Preis für diesen Service beläuft sich auf etwa 15 € für einen kleinen bis 100 € für einen sehr großen Kübel zuzüglich der Fahrtkosten für Abholen und Bringen.

Pflegekosten

Kosten für einen Gärtner pro Stunde	30-35 €
Kosten für das Zurückschneiden eines alten verholzten Efeus an der Fassade eines EFH, ewa 20 m²	200 €
Jährliche Pflegekosten für einen begrünten Innenhof (100 m²) bei 2-maliger Pflege ohne Maschineneinsatz	500 €

▶ *Zum Weiterlesen*

- Callauch, Rolf: Schöne Kletterpflanzen, Ulmer
- Fischer, Ellen: Das Topfgartenbuch, Ulmer

- Gunkel, Rita: Begrünen mit Kletterpflanzen, Ulmer

- Himmelhuber, Peter: Selbst Terrassen und Sitzplätze bauen, Compact

- Jarreau, Jean-Francois: Terrassen und Balkone, Ulmer

- Kirschner, Max: Wege, Terrassen und Sitzplätze, Augustus

- Kleinod, Brigitte: Spielbereiche planen, entwerfen, kalkulieren, Ulmer

- Köhlein, Fritz: Troggärten und bepflanzte Steine, Ulmer

- Kohle, Ruth: Miniatur-Wassergärten, Ulmer

- Menzel, Peter und Ilse: Das Kletterpflanzenbuch, Ulmer

- Wirth, Peter: Gärten planen, entwerfen, kalkulieren, Ulmer

- Wirth, Peter: Wege und Sitzplätze planen, entwerfen, kalkulieren, Ulmer

- Witt, Reinhard: Wildblumen für Töpfe und Schalen, BLV

▶ *Bezugsquellen für Pflanzen (Versand)*

- Versandgärtnerei für Wildstauden und Wildgehölze (Bioland-Betrieb)
  Monika Strickler
  Lochgasse 1
  55232 Alzey
  (Tel. 06731/3831)

- Sortiments- und Versuchsgärtnerei Simon (Raritäten)
  Staudenweg 2
  97828 Marktheidenfeld
  (Tel. 09391/3516)

- Gerhard Flathmann
  Schulgartenweg 11
  22525 Hamburg

- Hans Frei
  Breite Straße 5
  CH-8465 Wildensbusch

- Naturgarten Mikulitsch
  Linzer Str. 418
  A-1140 Wien

- Gärtnerei am Hirtenweg
  Hirtenweg 30
  CH 4125 Rieken

- W. Kordes (Rosen)
  Rosenstr. 54
  25365 Klein Offenseth

- Abtei Neuburg (Efeu)
  Stitsweg 2
  69118 Heidelberg

- Fa. Peine
  Aubinger Straße 172
  81243 München

▶ *Sachverzeichnis*

Hier erfahren Sie mehr.

Das Buch informiert über die vielfältigen Möglichkeiten, Kletterpflanzen am Haus und im Garten einzusetzen. Dabei stehen gestalterische Gesichtspunkte und Hinweise zur Umsetzung im Vordergrund. Schritt-für-Schritt-Abbildungen und detaillierte Zeichnungen erleichtern das praktische Arbeiten. Die Schwerpunkte liegen einerseits auf der baulichen Seite mit Konstruktionsbeispielen und Materialhinweisen für Klettergerüste, Pergolen usw., andererseits werden verschiedene Aspekte der Pflanzenverwendung und -pflege besprochen.

Begrünen mit Kletterpflanzen. Fassaden, Pergolen, Rankgerüste. Rita Gunkel. 2001. 95 Seiten, 60 Farbfotos, 22 Zeichnungen, 8 Tab. ISBN 3-8001-3132-3.

Das Topfgartenbuch. Gärtnern in Töpfen, Terrakotten und Kübeln. Ellen Fischer. Sonderausgabe 2002 der 3. Auflage 1999. 221 Seiten, 130 Farbfotos, 46 Zeichnungen. ISBN 3-8001-6659-3.

Dieses umfassende Gartenbuch beantwortet alle Fragen: Wie plane ich meinen Garten richtig? Wie wird der Boden vorbereitet? Wie funktioniert das mit dem Düngen, dem Mulchen, dem Kompost? Wie wird gepflanzt, gepflegt, geschnitten? Wie schütze ich Pflanzen vor Krankheiten? Wie lege ich einen Rasen an, eine Blumenwiese, ein Blumenbeet? Welche Kübelpflanzen eignet sich für meine Terrasse? Wie lassen sich Pflanzen überwintern? Diese und viele andere Fragen werden leicht verständlich beantwortet. Zahlreiche Farbzeichnungen und Fotos erleichtern das Verständnis und erklären Arbeitsabläufe Schritt für Schritt. Feature-Seiten stellen besondere Themen und Methoden im Überblick vor. Ein unverzichtbares Standardwerk für jeden, der mit Freude und mit viel Erfolg in seinem Garten arbeiten und seine Pracht genießen möchte!

Das Ulmer Gartenbuch. Wolfgang Kawollek. 2001. 720 Seiten, über 1.000 Farbabbildungen. ISBN 3-8001-6684-4.